KB013603

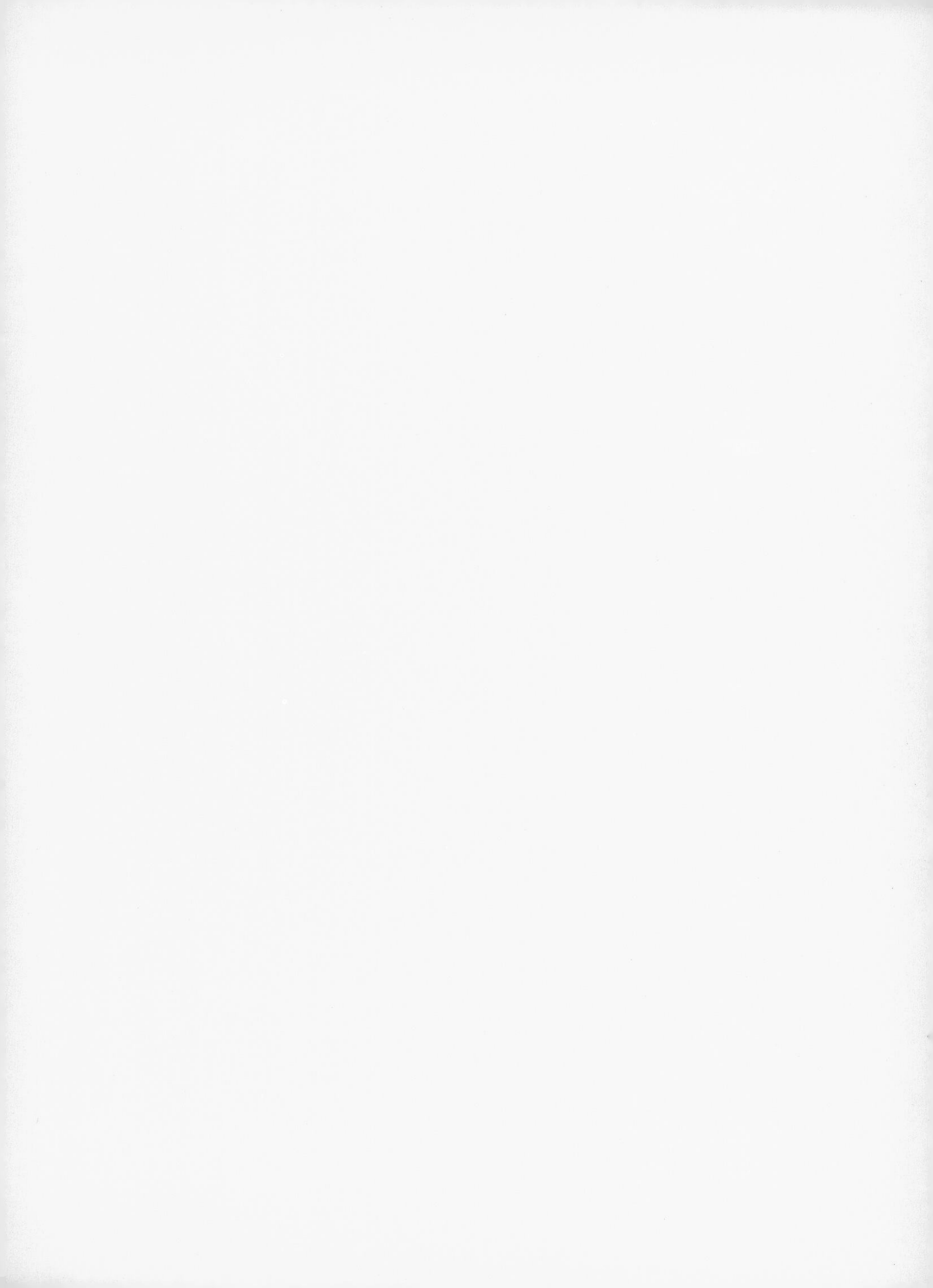

빛깔있는 책들 102-19

경복궁

글, 사진/이강근

대원사

이강근

서울시립대학교 건축공학과를 졸업하였고, 한국정신문화연구원 한국학대학원 예술학과에서 미술사를 전공, 동국대학교 대학원 미술사학과에서 박사학위를 받았다. 현재 경주대학교 문화재학과 교수이며 한국미술사학회 이사이다. 저술로 『한국의 궁궐』 『서울건축사』(공저) 『박물관 밖의 문화유산 산책』(공저)이 있으며, 주요 논문으로 「경복궁에 관한 건축사적 연구」 「경희궁의 역사」 「동문선과 고려시대의 건축」 「신증동국여지승람과 조선 전기까지의 건축」 「17세기 불전의 장엄에 관한 연구」 「조선왕조의 신전 종묘」 「화엄사의 불전과 17세기의 재건역」 「불국사의 불전과 18세기의 재건역」 「조선 후기 불교건축의 전통과 신조류」 「한국 고대 불전건축의 장엄법식에 관한 연구」 「분황사의 가람배치와 삼금당 형식」 「아잔타 석굴사원의 건축」 「완주 송광사의 건축과 17세기 개창역」 등 여러 편이 있다.

빛깔있는 책들 102-19

경복궁

경복궁

근정전 일곽

머리말

조선왕조의 수도 한성에 건설된 궁궐은 정궁(正宮)인 경복궁(景福宮)을 비롯하여 창덕궁, 창경궁, 인경궁, 경희궁, 경운궁(덕수궁) 등이 었다. 한양에 새로운 왕조의 도읍을 정한 직후에 시작된 도성 계획은 경복궁을 중심으로 종묘와 사직, 문묘, 성균관 등 유교적 정치 이념을 대변할 정치, 제사, 학문의 대표 시설을 도성 안의 중추적 위치에 배치함을 기본으로 삼았다.

태조 2년(1393) 2월에는 이 일에 참여한 권중화(權仲和, 1332~1408년) 등이 이른바 새로운 도읍에 종묘, 사직, 궁전, 관청, 시장 등을 배치한 그림인 「신도종묘사직궁전조시형세지도(新都宗廟社稷宮殿朝市形勢地圖)」를 왕에게 바쳤다. 다음에는 새로운 도읍 한성을 건설하고 궁궐 짓는 일을 담당하기 위하여 '신도궁궐조성도감(新都宮闕造成都監)'이라는 조영 조직(造營組織)이 마련되었다. 이 기구를 중심으로 심덕부(沈德符, 1328~1401년), 김주(金湊, ?~1404년) 두 사람의 인솔 아래 여러 산사의 승려들 힘으로 공사가 진행되었으며 마무리 단계에서는 경기도와 충청도 백성들의 부역에 힘입어 경복궁이 완성되었다.[1)]

경회루 원경

신중하게 선택된 도읍지는 외곽이 도성으로 둘러지고 내부는 풍수지리적 명당 자리에 세워진 궁궐을 중심으로 당시 정치, 경제 생활의 편리를 도모하는 방향으로 건설되었다. 경복궁은 그래서 도성 내부 북서쪽으로 치우친 백악산 밑, 인왕산 동쪽에 자리잡게 되었으며 종묘와 사직, 관아, 시장 역시 경복궁을 기준으로 자리를 정하였다.

그 동안 도읍지와 궁궐터의 선정 과정에 대한 연구와 아울러 도성제(都城制) 연구도 활발하게 진행되어 왔다.[2] 그 결과 한성(漢城)의 모델을 『주례고공기(周禮考工記)』에서 찾거나 북위(北魏)의 수도 낙양(洛陽)과 당(唐)의 수도 장안(長安)에서 구하려는 의견이 많았다. 그러나 이보다는 우리나라 역대 왕조에서 모델을 구하는 것이 옳을 것이다. 한성을 중국의 도성제나 역대 수도와 비교하는 것은 무방하나 그 기원은 고구려 평양의 장안성(長安城, 586~668년까지의 도성), 고려왕조의 도읍지 개성(開城)에서 찾아야 한다. 왜냐하면 고대 국가 이래로 확립된 평산성제(平山城制)를 바탕으로 나성(羅城) 형태의 도성을 쌓은 것은 고구려 장안성이 처음이며, 이러한 도성제가 고려에 계승되고 조선으로 이어진 것이 한양 도성이기 때문이다.

조선 후기의 여러 사료에 마치 중국 도성제의 이상적 모델인 주제(周制)가 한성의 원형인 것처럼 기록되어 있는 점도 알고 보면 천도(遷都)의 정치적 명분을 얻으려는 조선왕조 개창자들의 의도가 반영되어 있는 조선 초기의 사료를 그대로 옮겨 적은 탓이다. 새 왕조의 수도가 전과는 달라야 한다는 의식이 작용하였겠지만, 새로운 입지를 선택하였다고 도성 계획의 기준까지 달라지지는 않았을 것이다. 이런 점에서 신도(新都) 한양의 도시 설계가 고려조의 남경 구획을 기준으로 삼았을 것이라는 주장에 주목할 필요가 있다.[3)]

그러나 경복궁 자체에 대한 이해를 위해서는 도성제의 문제는 접어두고 궁궐 건축에 한정하여 살피는 것이 좋다. 그러므로 이 책에서는 첫째, 경복궁의 배치 계획을 살피되 역사적인 변화에 초점을 맞추려 한다. 곧 경복궁 창건(1395년), 세종 대(재위 기간 1418~1450년)의 법궁 체제, 명종 대(재위 기간 1545~1567년)의 재건과 임진왜란으로 인한 소실(1592년), 270여 년 동안의 공궐(空闕) 이후 대원군의 중건(1865년), 민족 수난기(1910~1945년)의 파괴·변형·왜곡과 해방 이후의 원형 복원 과정으로 나누어 경복궁의 역동적인 변화를 서술하고자 한다.

둘째, 경복궁 안에는 정전(正殿), 편전(便殿), 침전(寢殿)을 중심으로 수많은 건물이 자리하고 있으므로 각 건물의 기능을 이해해야만 궁궐에 대한 종합적인 이해도 가능할 것이다. 아울러 건물들의 구성〔殿閣構成〕에서 내용과 형식이 어떻게 바뀌어 왔는가를 살펴보려 한다.

셋째, 궁궐 건축의 설계와 건물 이름에 담긴 유교 사상에 대한 이해를 통해 조선왕조의 궁정 문화와 양반 관료 문화의 성격을 이해하는 실마리를 제공하고자 한다.

창건 경복궁

추정 배치안

창건 경복궁의 배치 형식은 『조선왕조실록(朝鮮王朝實錄)』을 바탕으로 추정해 볼 수 있다.[4] 『태조실록』 4년(1395) 9월 29일의 기사를 보면 창건할 때의 규모와 배치 그리고 각 건물의 기능을 자세히 쓰고 있다.[5]

곧 연침(燕寢)·동소침(東小寢)·서소침(西小寢)·보평청(報平廳) 등 내전(內殿) 건물과 정전, 동서각루(東西角樓), 동서누고(東西樓庫) 등이 행랑(行廊)으로 둘러싸이거나 천랑(穿廊)으로 연결되어 배치되었고 문은 정전 앞 남행랑에 전문(殿門)을 두고 다시 그 앞쪽에는 오문(午門, 남문. 경복궁의 좌향은 子坐午向이 아니라 癸坐丁向임)을 배치하였으며 그 양쪽에 월화문(月華門, 서문)과 일화문(日華門, 동문)을 배치하였다.

이상 정전, 편전(보평청), 침전(연침, 동소침, 서소침) 일곽에 대해서는 건물의 규모뿐 아니라 정전 2중 기단(상하층 월대)의 넓이와 높이, 궁전 뜰의 넓이 등도 상술하고 있으며(단, 정면의 칸수만 기록하였다) 이 기록을 토대로 한 여러 가지 추정안이 나와 있다.

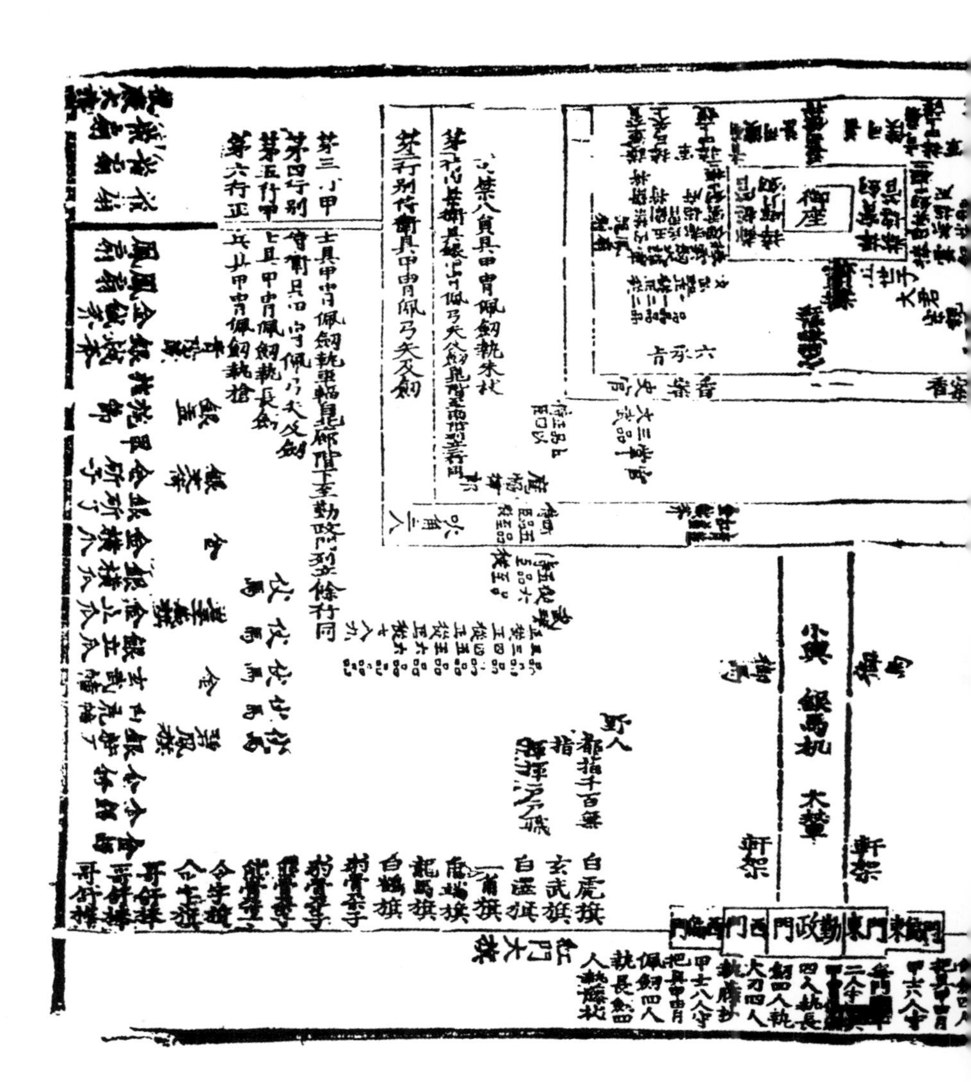
勤政門
白虎旗
玄武旗

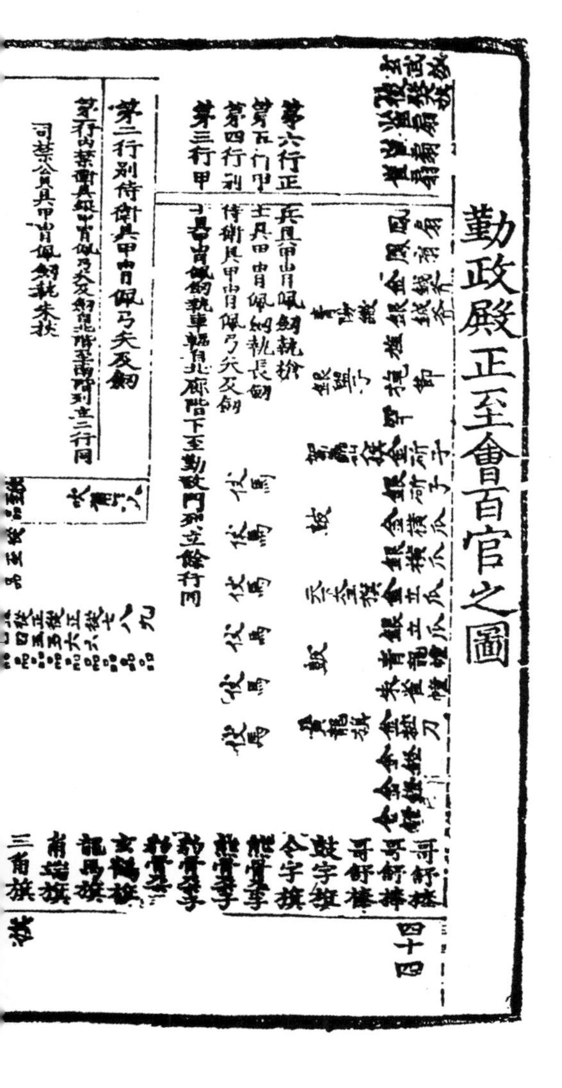

근정전정지회백관지도 조선 전기에 근정전에서 정월 초하루와 동짓날에 벼슬아치들이 임금께 하례를 올리려고 조회에 모일 때 설 자리를 표시한 그림이다. 임금이 정좌하는 어좌의 측근에는 보검을 받든 관리와 도총관이 자리잡고, 건물 내부 앞 동쪽에는 왕세자, 대군, 종2품 이상의 종친이, 서쪽에는 종2품 이상의 문무 양반 관료, 6명의 승지 등이 늘어선다. 향안 곁에는 기록을 맡은 사관이 자리잡고 상층 월대 동쪽에는 정3품 이하의 종친과 정4품 이상의 시종 신하가, 상층 월대 서쪽에는 3품 이상의 문무 양반 관리와 정4품 이상의 시종 신하가 늘어선다. 하층 월대와 뜰에는 품계에 맞추어 차등 있게 문무 관리가 자리잡되 정3품 이하의 문반은 뜰 동쪽에 정3품 이하의 무반은 뜰 서쪽에 선다. 백관의 둘레에는 갑옷을 입고 창검을 지닌 궁궐 호위 군사가 빙 둘러서고 그 밖으로 여러 깃발을 둘러 세운다.

그러나 건물과 행랑의 정면 칸수는 기록하면서 측면 칸수는 기록하지 않았으며 각 칸의 치수에 대한 언급이 없다. 이 밖에도 소위 천랑이 무엇인지 알기 어려워서 창건 당시의 규모와 배치 형식을 정확하게 이해하기 어렵다. 대원군이 경복궁을 중건할 때에도 애써 원형을 찾거나 복원하지는 않았으리라 생각된다. 그러므로 경복궁 조성 당시의 원형에 대해서는 『조선왕조실록』의 자료에 의존하여 추정 배치도를 그려 보고 이를 해석하는 데 만족할 수밖에 없다.

한편 정전, 편전, 침전으로 구성된 핵심 부분 외의 궐내(闕內) 시설에 대해서는 규모, 위치, 기능에 대한 설명 없이 주방(廚房), 등촉인자방(燈燭引者房), 상의원(尙衣院), 양전 사옹방(兩殿司饔房), 상서사(尙書司), 승지방(承旨房), 내시 다방(內侍茶房) 등 생활을 위한 최소한의 시설과 경흥부(敬興府), 중추원(中樞院), 삼군부(三軍府) 등 중요 관청만을 나열하고 있다. 그리고는 궁궐 내 전체 건물의 규모가 390여 칸이었다고 끝을 맺고 있다.

각 건물의 칸수와 위치는 쓰지 않고 전체 건물의 칸수를 종합하여 명시한 것으로 보아 위 시설들은 독립된 구역의 독립된 건물이 아니라 행랑 안에 함께 있었던 것으로 보인다. 행랑에 관청들이 배속되려면 평면이 측면 2칸은 되어야 하는데, 현존하는 궁궐의 동서 행랑이 모두 복랑(復廊)이며 이곳에 여러 관청과 궐내 시설이 들어차 있었던 점으로 보아 추정 배치도에서 행랑을 단랑(單廊)으로 설정한 것은 잘못이다.

또한 행랑의 역할에 대해서는 상세한 기록이 남아 있지 않으나 『태종실록』 5년 10월 2일자 기록에 의하면 국사(國史)를 근정전 서랑(西廊)에 간수하였다고 한다. 그러므로 서고(書庫)로 쓰였음을 알 수 있고, 아울러 국사편찬기관인 춘추관도 서랑에 있었던 것으로 짐작된다. 390여 칸이라는 수도 건물의 정면 칸수만을 고려한 것이 분명하며, 경복궁의 실제 면적을 생각하면 창건할 때의 전체 칸수는 훨씬 더 많았을 것이다. 예를 들어 정전이 5칸이라고 기록되어 있는데 현존하는 후대의 정전 건물의 평면 구성에 의하면 정면 5칸에 측면 5칸이 일반적이므로 창건 당시 정전의 규모도 25칸이었을 것이다.

배치의 원리와 사상

궁전의 건물에 이름이 붙여진 것은 정도(定都)를 기념하고 새 궁전의 완공을 축하하기 위하여 궁궐 안에서 연회가 베풀어진 날(완공 한 달 뒤인 10월 5일)이었다. 정도전은 왕명을 받들어 궁, 전, 누, 문 등의 이름을 지어 올렸는데, "궁궐이란 임금이 정사를 다스리는 곳이요, 사방이 우러러보는 곳이요, 신민들이 다 나아가는 곳이므로 제도를 장엄하게 해서 위엄을 보이고 이름을 아름답게 지어 보고 듣는 자에게 감동을 주어야 합니다"라고 하였다. 그러면서 궁은 경복(景福, 전거는 『시경(詩

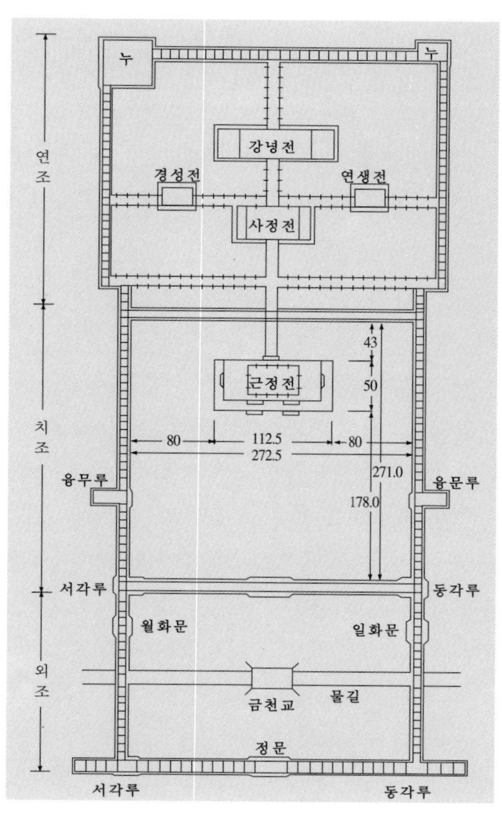

경복궁 창건 배치 추정안

首善全圖

수선전도 조선시대 도성 전체의 지도로 19세기에 그려진 것이다.

經)』「주아」 편), 연침은 강녕(康寧, 전거는 『서경(書經)』「홍범」 편), 동소침은 연생(延生), 서소침은 경성(慶成, 천지운행과 만물생장의 순서를 뜻함), 편전인 보평청은 사정(思政, 전거는 『시경』·『서경』)이라고 이름지었다. 또 정전과 전문(殿門)은 근정(勤政, 전거는 『서경』), 동서누고는 각각 융문(隆文)과 융무(隆武, 문무를 겸하여 관장한다는 뜻), 오문은 정문(正門, 천자는 남쪽을 향하여 바르고 큰 정치를 편다는 뜻)이라고 명명하였다.[6)]

이렇게 추정 배치도와 건물 이름에 담긴 뜻을 알면 경복궁 배치의 원리를 해석할 수 있다. 우선 추정 배치도를 보자. 궁전은 회랑으로 둘러싸인 3개의 중정(中庭)으로 구성되었고 남북 중심축 위에 정문, 금천교, 근정문, 근정전, 사정전, 강녕전 등이 앞뒤로 정연하게 배치되어 있다. 맨 앞 중정 안에는 금천교만 배치되고 가운데 중정에는 정전인 근정전만 배치되었으며 맨 뒤 중정에는 편전인 사정전과 침전인 강녕전, 연생전, 경성전 등이 배치되었다.

3개의 중정을 이렇듯 앞뒤로 연속시킨 복합 중정형 배치의 원형은 무엇일까? 우선 『주례고공기』의 「궁실 제도(宮室制度)」에 관한 규정 가운데 '삼문 삼조(三門三朝)'라는 조항과 관련지을 수 있다. 삼조란 맨 앞부터 외조(外朝), 치조(治朝), 연조(燕朝)로 연속되는 3개의 중정을 궁실 제도의 원초적 형식으로 규정한 일종의 제도적 틀이다. 여기서 연조는 왕과 왕비, 왕실 일족이 생활하는 거주 구역으로 침전이 있다. 치조는 왕이 신하들과 정치를 행하는 공공 구역으로 정전과 편전이 자리한다. 정전은 조례(朝禮)를 거행하고 법령을 반포하며 조하(朝賀)를 받는 곳이고, 편전은 왕이 중신들과 국정을 의논하는 곳이다. 외조는 조정의 관료들이 집무하는 관청이 있는 구역이다.

삼문은 외조의 정문인 고문(庫門, 외문), 외조와 치조 사이의 치문(雉門, 중문), 치조와 연조 사이의 노문(路門)을 말하는데 천자의 궁궐에서 삼문은 고문(皐門), 응문(應門), 노문으로 불러 제후의 궁궐과 구별하기도 하였다. 또 5문을 둔 경우에는 고문(皐門), 외조, 고문(庫門), 치문, 명당, 응문, 치조, 노문, 연조 순으로 궁궐의 핵심 부분을 배치하였다.

'주제(周制)' 라고 명명된 위와 같은 궁궐 건축의 형식과 구성 원리는 경복궁을 창건할 때에도 어느 정도 반영된 것이 분명하나 어디까지나 이상적 규범이지 어길 수 없는 법칙은 아니었다. 곧 주제를 창건 당시의 배치도와 맞추어 보면, 외조는 정문에서 근정문까지로 동서 행랑에는 궐내에 필요한 관청이 있었을 것이다. 치조는 근정문에서 사정전까지의 구역인데 정전인 근정전과 편전인 사정전이 한 중정 안에 있지 않고 사정전이 오히려 연조와 가깝게 자리하였음을 알 수 있다. 편전을 연조에 속하는 침전에 가까이 배치한 경복궁의 구성은 삼문 삼조의 원리를 바탕으로 하면서도 나름대로의 특성을 지녔다고 해석할 수 있다.

이 밖에 정전의 좌우〔東西〕에 대칭으로 세워진 건물 이름에 문무(文武), 일월(日月), 생성(生成)의 의미를 부여함으로써 자연의 질서와 법칙에 순응하여 문무를 모두 숭상하는 정치를 펴야 한다는 유교적 이상주의를 표방하고 있다. 정명(定名)에 담긴 이와 같은 유교적 명분은 한성의 4대문과 그 중앙에 위치한 종루의 이름짓기에도 반영되어 인의예지신(仁義禮智信)의 오상(五常)을 오행(五行) 방위에 배당(配當)하였다. 곧 남대문을 숭례문(崇禮門)으로 동대문을 흥인지문(興仁之門)으로 이름지었다. 물론 이러한 태도는 고대 국가 이래의 전통에서 계승되어 온 것이다.

유교적 정치 이념에서는 성군(聖君)의 통치를 이상으로 하였는데 그러한 이념을 나름대로 정리한 책이 유교의 경전이다. 이런 경전을 알기 쉽게 그림으로 그리고 뜻풀이한 것이 도설(圖說)이다. 그런데 이것은 마치 건물군(建物群)의 배치도와 같은 기하학적 형태를 띠고 있다. 특

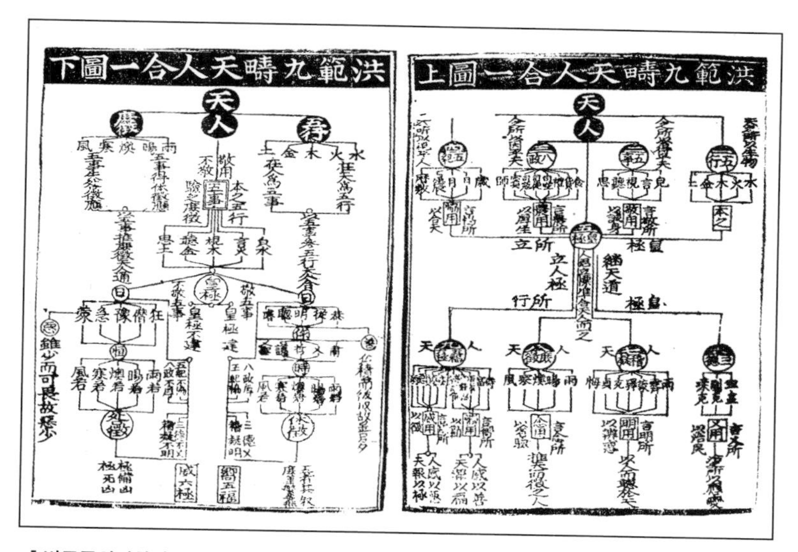

홍범구주천인합일도 도설을 통해 기하학적 구도 속에서 유학의 근본 이념을 익힌 유신들은 궁궐 건축의 배치나 건물의 명명에 도설을 적용하는 데 별반 어려움을 겪지 않았다.

히 조선 초기의 대학자인 권근(權近, 1352~1409년)의 『입학도설(入學圖說)』에는 왕이 정치를 잘하기 위하여 갖추어야 할 도리와 천하를 다스리는 큰 법의 요체를 「홍범구주천인합일도(洪範九疇天人合一圖)」로 그려 놓았다. 또 「천인심성합일지도(天人心性合一之圖)」라는 제목의 그림은 음양 오행으로 이루어진 만물과 인간의 심성이 합일된 경지를 주자의 '태극도(太極圖)'와 '중용장구(中庸章句)'에 의지하여 그린 것이다.

이처럼 유학 입문서에 실려 있는 두 그림은 유신(儒臣)들의 사고방식을 이해하는 데 도움이 된다. 곧 도설을 통해 좌우 대칭의 기하학적 구도 속에서 유학의 근본 이념을 익힌 유신들은 궁궐 건축의 배치나 건물의 명명에 도설을 적용하는 데 별반 어려움을 겪지 않았을 것이다.

그러나 중국에서도 '주제'를 참고하였지만 각 왕조와 왕권의 실제에 따라 궁궐의 모습이 달라질 수밖에 없었듯이, 조선 초기의 경복궁도 이 시기의 왕권과 관료 기구에 맞추어 설계되었을 것이 틀림없다.

창건 경복궁은 몇 가지 측면에서 왕권이 강화되기 전 유신들이 추구하던 재상 중심의 정치에 적합하도록 설계된 것처럼 보인다. 궁궐의 전체 규모가 몇 백 칸에 불과하고, 왕실 가족의 전유 공간인 연조에 세

경복궁 근정전 일곽 창건 경복궁은 몇 가지 측면에서 왕권이 강화되기 전 유신들이 추구하던 재상 중심의 정치에 적합하도록 설계된 것으로 보인다.

채의 침전밖에 없으며,[7] 궁성 안의 일을 도맡을 관청으로 상의원, 사옹방, 상서사, 승지방, 내시 다방 등 최소한의 부서만을 두었다. 또한 건국과 동시에 군사 기능을 담당하였던 중추원과 중앙군 소속의 무반을 통솔하던 삼군부(군령과 군정을 총괄하던 군사 기구) 등을 궁안에 둔 것은 왕조 초기의 상황을 반영한 것이어서 주목된다.

궁궐의 규모 또한 고려 왕궁에 비해 대폭 축소된 이유를 조선 개국의

주역이었던 정도전(鄭道傳, ?~1398년)의 글에서도 엿볼 수 있다.

> 궁원(宮苑)의 제도가 사치하면 반드시 백성을 수고롭게 하고 재정을 손상시키는 지경에 이르게 될 것이고, 누추하면 조정에 대한 위엄을 보여 줄 수 없게 될 것이다. 검소하면서도 누추한 지경에 이르지 않고, 화려하면서도 사치한 지경에 이르지 않도록 하는 것이 아름다운 것이다. 그러나 검소란 덕있는 것이고 사치란 커다란 악이니 사치스럽게 하는 것보다는 차라리 검소해야 할 것이다. 띠집과 흙 섬돌로 꾸민 경우에는 마침내 태평성대를 이룩할 수 있었고, 화려하고 사치스러운 요대경실을 꾸민 경우에는 위망(危亡)의 화란(禍亂)을 구제할 수 없었던 것이다…(중략)….[8)]

그런데 태조 5년(1396)에 임금이 몸소 화공을 불러 불화(佛畵)를 그리도록 명령하여 궁궐 안에 봉안하고 불사(佛事)를 거행하였다는 기록으로 보아 경복궁 어딘가에 내불당(內佛堂)을 마련한 것이 분명하다. 정도전이 이끄는 유가적 관료들의 이상주의적 정치관을 반영한 경복궁 설계의 의도와는 관계없이 제왕인 태조는 왕실의 안녕을 기원하는 불교 사원을 궁궐 안에 지었던 것이다. 이는 훗날 경복궁의 법궁 체재를 완비하였던 세종이 말년에 내불당을 경복궁 후원에 건설하려 하였을 때 신하들과 극심한 마찰을 겪었던 사실을 떠올리게 한다.

법궁 체재의 완성

태종 대의 보완

앞서 살펴본 것처럼 창건된 경복궁은 제반 시설을 고루 갖춘 완성된 궁궐이 아니었다. 그럼에도 불구하고 정정(政情)의 불안으로 개경 천도와 한성 환도(還都)를 거듭하면서 10년여 동안 오히려 버려졌고, 태종(재위 기간 1400~1418년) 4년에는 급기야 환도 준비의 일환으로 이궁(離宮)인 창덕궁이 창건되면서 경복궁을 대신하게 되었다.

그러나 태종 6년 이후에는 경복궁의 수리에 관심을 보이기 시작하여 태종 11년에는 이른바 명당수(明堂水)를 금천으로 끌어들였다. 태종 12년에는 중국 사신을 영접하기 위하여 원래 있던 작은 누각을 헐고 그 서쪽에 새로 경회루를 세워, 그 둘레에 넓은 못을 파 아름다운 경관을 조성하였다. '경회(慶會)'는 임금과 신하의 합일을 뜻하는 말로, 당시 세자였던 양녕대군이 현판 글씨를 쓴 일은 유명하다. 「경회루기」는 하륜(河崙, 1347~1416년)이 짓고 한상경(韓尙敬, 1360~1423년)이 썼다. 경회루의 돌기둥에 새긴 반룡(蟠龍) 조각은 외국 사신의 눈에 들어 조선에서 가장 장절(壯絶)한 일 가운데 하나로 꼽히기도 하였다.

경회루 태종 12년에는 경회루를 세우고 넓은 못을 파 아름다운 경관을 조성하였다. 특히 돌기둥에 새긴 반룡 조각은 조선에서 가장 장절한 일 가운데 하나로 꼽히기도 하였지만 현재의 경회루는 고종 때의 중건으로 반룡 조각 등은 없다.

세종 대의 완비

태종은 경복궁으로 거처를 옮기지 않았으나 세종은 재위 3년이 되던 해부터 자주 경복궁에 이어하여 궁전을 수리하는가 하면, 세종 8년에는 집현전 문신들에게 문과 다리 이름을 명명하게 하였다. 이때 정해진 문의 이름은 홍례문(弘禮門, 근정문 앞 제2문), 광화문(光化門, 근정문 앞 제3문), 일화문(日華門, 근정전 동랑 내문), 월화문(月華門, 근정전 서랑 내문), 건춘문(建春門, 궁성 동문), 영추문(迎秋門, 궁성 서문) 등이며 금천에 걸쳐진 다리의 이름은 영제교(永濟橋)로 하였다.[9]

경복궁에 궁성이 처음 축조된 것은 태조 7년(1398)의 일이나,[10] 성을 수리하고[11] 북쪽 이외 삼면에 세운 성문의 이름이 정해진 것은 창건된 지 30여 년이 지난 이때의 일이다. 그러면서 정문의 명칭도 오문에서 홍례문으로 바뀌었다. 궁전과 행랑으로만 이루어졌던 초기의 경복궁은 이때 비로소 궁성과 함께 궐문을 갖춘 명실상부한 궁궐이 되었다. 이렇게 외곽을 마련한 세종은 9년(1427)부터는 경복궁에 완전히 자리를 잡고 궐내 제반 시설을 수리, 신설하면서 점차로 법궁 체재를 완비한다.

세종 8년에 근정전을 수리하고, 9년에는 동궁(東宮)인 자선당(資善堂)을 창건하였다.[12] 10년에는 건춘문을 수리하고, 11년에는 경회루와 사정전을 중수하였으며, 15년에는 강녕전을 수리하고 아울러 북문을 신설하여 궁성 4문 체재를 완성하였다.[13] 같은 해 천후 관측소인 간의대를 궁성 서북 모퉁이에 세우고,[14] 16년 4월에는 홍례문 밖에 있는 동서랑(東西廊)을 의정부 육조와 여러 관청이 숙직하거나 대기하는 곳으로 삼았다. 또 같은 해 8월에는 시간을 측정하는 보루각을 세우는 한편 융문루와 융무루를 수리하였으며, 17년 9월에는 주자소를 궁궐 안에 설치하였다. 20년에는 강녕전 서쪽에 천체 운행의 관측을 위하여 흠경각을 세움으로써 당시 과학 문명의 첨단 시설을 궐안에 모두 갖춘 셈이

광화문 세종은 경복궁을 수리하는가 하면, 집현전 문신들에게 광화문 등의 문과 다리 이름을 명명하게 하였다. 1926년에 철거되어 조선총독부가 들어서기 이전 모습이다.

되었다.[15] 이에 덧붙여 25년에는 언문청을 설치하여 우리 글을 완성시키는 산실로 삼았다.

한편 역대 제왕에 대한 궁중 내 제사를 정리하면서 새로운 진전(眞殿)과 혼전(魂殿)을 짓기도 하였다. 곧, 세종 14년 11월 정사일에 광효전(廣孝殿)과 문소전(文昭殿)을 합사(合祀)하기 위하여 새 혼전을 5칸 규모로 지었으며,[16] 세종 20년 3월 29일에는 선왕과 선후의 영정을 봉안하는 진전인 선원전(璿源殿)을 문소전 동북쪽에 옮겨 지었다.[17]

또 후궁 영역을 넓히기도 하였는데, 세종 22년에는 왕과 왕비가 동궁으로 옮긴 뒤, 3년 만인 세종 25년에 처음으로 교태전(交泰殿)을 후궁 영역에 건립하였다. 같은 해 4월에는 상서사(尙書司)와 춘추관(春秋館)을 궐안에 새로 지었고 5월에는 여러 문의 이름을 새로이 명명하였다.[18] 이리하여 세종 말년인 31년(1449) 6월에는 이른바 정궁(正宮)

청연루 고종 대에 경복궁을 중건할 때 청연각 자리에 자경전이 건립되면서 청연각은 부속 누각으로 처리되었다. 사진 유남해

안에 강녕전, 연생전, 경성전, 사정전, 만춘전, 천추전 등이 갖추어졌다. 그리고 뒤쪽 후궁(後宮) 안에 소실(小室)로 함원전(含元殿), 교태전, 자미당(紫微堂), 인지당(麟趾堂), 종회당(宗會堂), 송백당(松柏堂), 청연루(淸燕樓)[19] 등이 건립되었다. 여기서 만춘전과 천추전은 편전인 사정전을 보좌하는 소편전(小便殿)으로 새롭게 추가된 것이다. 이는 창건 당시에 사정전을 침전 구역에 가까이 배치하여 소침전인 연생전과 경성전의 보좌를 받게 하였던 방식을 변화시킨 것이다. 그리하여 세종 대에 이르러 침전 구역과 편전 구역이 분명하게 나누어지게 되었다. 이때의 모습을 보여 줄 자료는 남아 있지 않으나 영조 이후에 그려진 그림 몇 가지를 살펴보면 세종 대에 마련된 법궁의 배치를 대체로 짐작할 수 있다.

법궁의 발전과 소실

법궁의 발전

세조 때에는 수리도감을 설치하여 경복궁을 수리하였고, 예종 때에는 숙직 군사를 위하여 선공감에서 영추문 안에 가가(假家, 임시 거처) 10칸을 지었으며, 성종 때에는 제조와 낭청을 따로 임명하여 근정전을 새로 칠하고 경회루를 중수하는 등 크게 수리하였다. 또 중종 22년(1527)에는 경회루 일곽을 수리하고 비현합(丕顯閤)을 증건(增建)하였으며,[20] 23년 9월에는 자전(慈殿, 대비)의 거처를 수리한다는 명목으로 경복궁을 대대적으로 수리하였다.[21]

이렇듯 약간의 변화를 거치면서도 법궁의 면모를 유지해 간 경복궁은 명종 때 큰 화재를 만나기 전까지는 조선 전기 궁정 문화의 보고(寶庫)로서 크게 발전하였다. 1530년(중종 25)에 간행된 『신증동국여지승람(新增東國輿地勝覽)』에는 경복궁 내에 있었던 여러 전각과 시설들이 상세하게 기록되어 있는데, 이들 대부분이 세종 때 법궁 체재를 완비하는 과정에서 만들어진 것이다.

후원은 정종 대에 상림원(上林苑)으로 불렸는데, 세종이 후원의 새와 꽃을 모두 민간에 나누어 준 뒤로 버려졌다. 그러다가 새로 서현정(序賢亭, 활쏘는 곳), 취로정(翠露亭, 농사 관찰하는 곳. 세조 2년 3월 5일 준공), 관저전(關雎殿), 충순당(忠順堂, 궁장 밖에 위치) 등이 지어지면서 다시 후원으로 가꾸어진 것 같다.[22]

한편 궐내 관서(官署)는 승정원(承政院, 월화문 밖), 홍문관(弘文館, 승정원 서쪽의 옛 집현전), 상서원(尙瑞院, 보루각 남쪽), 춘추관

근정전 동행각 명종 8년에 일어난 불로 근정전만을 남긴 채 편전과 침전 구역의 건물이 모두 소실되는 창건 이래 최대의 참사가 일어났다.

(春秋館, 상서원 서쪽), 예문관(藝文館, 승정원 서쪽), 승문원(承文院, 홍례문 밖), 교서관(校書館, 사옹원 남쪽의 내관), 사옹원(司饔院, 승정원 남쪽의 내사옹), 내의원(內醫院, 관상감 남쪽), 상의원(尙衣院, 영추문 안), 사복시(司僕寺, 영추문 안의 내사복), 사도시(司導寺, 내의원 남쪽), 관상감(觀象監, 상의원 남쪽), 세자시강원(世子侍講院), 전설사(典設司, 홍례문 동쪽), 전연사(典涓司, 홍례문 서쪽), 내반원(內班院, 경회루 남문 서쪽), 오위도총부(五衛都摠府, 광화문 안) 등으로 임진왜란 때까지 경복궁 안에 있었다.[23)]

명종 대의 소실과 중건

명종 8년(1553) 9월 14일에 일어난 불로 근정전만을 남긴 채 편전과 침전 구역의 건물이 모두 소실되는 창건 이래 최대의 참사가 일어났다. 그리하여 강녕전, 사정전, 흠경각은 물론 역대로 내려오던 진귀한 보배와 서적, 왕과 왕비의 고명, 의복, 거마(車馬) 등이 모두 불타 버렸다. 삼전(三殿, 문정왕후 · 인성왕후 · 명종)이 창덕궁으로 옮긴 다음 명종 9년 봄에 시작된 중건 공사는 그해 9월 18일에 낙성되었다. 이때 중건된 전각은 흠경각(4월 낙성), 동궁(6월 낙성), 사정전, 비현합, 교태전, 연생전, 경성전, 양심당, 자미당, 강녕전(9월 낙성) 등이었다. 이때 일을 주관한 것은 대내선수도감(大內繕修都監)이었는데 환관들의 감독 아래 역부와 승려를 동원하여 단시일 안에 큰 공사를 마쳤다.[24)]

그런데 중건할 때 예조판서였던 홍섬(洪暹, 1504~1585년)이 왕명을 받들어 지은 「경복궁중신기(景福宮重新記)」(『인재집(忍齋集)』)에는 중건 전후의 사실이 『명종실록』보다 상세하게 묘사되어 있다.

첫째, 중종 때 불탄 동궁을 짓기 위하여 공사를 하던 중 명종 8년 9

월 13일에 화재가 일어났는데 남으로는 사정전 남랑, 동으로는 강녕전 외동랑(外東廊), 북으로는 청연루 남월랑, 서북으로는 함원전 영태문, 북으로는 교태전, 서남으로는 경회문 등이 불타고 오직 근정전, 경회루, 함원전, 청연루만이 남았다.

둘째, 경복궁 대내에 설치된 선수도감의 조직은 영의정을 도제조로 좌찬성 · 이조판서 · 공조판서를 제조로 삼아 동궁조성도감과 하나로 합치되, 낭료(郎僚) 가운데 일을 잘 주관할 사람을 뽑아 분조(分曹)로 일을 맡기고 도청(都廳)으로 삼았다. 작업장은 8소(所)로 구성되었는데 동궁은 재료가 마련되어 있었기 때문에 3월에 먼저 공사를 시작하여 9월에 마쳤다.

셋째, 공사 규모가 커서 대부분 부역에 의존하였으나 재료는 물길 가까운 곳에서 조달하고 모자란 것은 강원도와 함경도에서 샀다. 노동력은 동원된 군인과 승도가 2,200명이고 대가를 받고 일한 사람이 1,500명이었다.

넷째, 중건된 건물은 전(殿)이 강녕 · 사정 · 교태 · 경성 · 연생 다섯, 당(堂)이 자미 · 양심 둘, 각(閣)이 흠경 하나, 합(閤)이 비현 하나 등 문랑청방(門廊廳房)을 모두 합하여 370여 칸이었다.

퇴계 이황(李滉, 1501~1570년)도 경복궁 중건을 기념하는 일에 동참하여 「경복궁중신기」, 「사정전상량문」, 「자선당상량문」 등을 지었을 뿐만 아니라 각 건물의 현액과 편전 내부에 장치할 대보잠(大寶箴)과 칠월편(七月篇, 『시경』「빈풍」의 편명), 억계(抑戒, 『시경』「대아」의 편명) 등을 쓰기도 하였다.[25)]

명종 10년(1555)에는 중건된 경복궁의 모습을 담은 「한양궁궐도병(漢陽宮闕圖屛)」이 왕명에 의해 그려졌다. 또 당시 경연관(經筵官)이었던 홍섬이 왕명을 받들어 1560년에 지은 「한양궁궐도기(漢陽宮闕圖記)」(『인재집』)가 전해지고 있다. 이 글에 의하면 병풍 중앙 북쪽에 백

흠경각 세종 때 창건된 흠경각은 명종 때 화재로 소실되어 중건하였으나 임진왜란으로 다시 소실되었다. 그 뒤 고종 때의 중건, 일제에 의한 철거되었다가 최근 복원하였다. 천문 관측 기구를 두는 곳으로 당시 천문학이 제왕학인 점을 감안하여 편전 뒤, 왕의 침전 옆에 배치하였다.

악산이 그려지고 그 남쪽에는 경복궁, 동쪽에는 창덕궁, 그 동쪽에는 창경궁이 그려졌음을 알 수 있다.

아울러 왼쪽의 종묘, 오른쪽의 사직, 중앙에는 종과 북을 건 누각, 성곽과 삼조 앞으로 난 넓은 길, 성곽에 낸 8개의 문, 중국 사신을 맞이하던 모화루(慕華樓), 전함 훈련을 지휘하던 제천정(濟川亭), 북쪽의 3산과 남쪽의 한강이 왕의 거처를 호위하듯 둘러싼 모습을 묘사하였음을 알 수 있다. 만일 이 그림이 지금까지 남아 있다면 당시의 한양 도성과 궁궐 전체의 실상을 훤히 알 수 있을 텐데 안타깝게도 이 그림마저 임진왜란 때 소실된 것으로 전해지고 있다.[26]

임진왜란에 의한 소실

경복궁이 임진왜란 때 모두 불탔다는 사실은 누구나 알고 있다. 그러나 언제 누구에 의해서 소실되었는지는 잘못 알려져 있다. 곧 '왕실과 관료들이 일찌감치 피난을 떠난 뒤 왜적이 수도 한성에 침입하기도 전에, 백성들이 빈 궁궐에 침입하여 노비 문서를 불태우고 보물을 약탈하였다'는 것이다. 『선조수정실록』은 물론이고 유성룡의 『서애집(西崖集)』 등 당시의 기록에는 그렇게 적혀 있다. 그러나 이것은 남에게 들은 것을 사실로 착각한 것에 불과하다.

유성룡이 불탄 궁궐을 직접 목격한 시점은 조선과 명나라의 연합군이 한성을 탈환한 뒤인 계사년(1593) 4월 20일이었고, 이때는 이미 종묘도 불타고 세 궁궐은 모두 무너진 채였다. 그러나 왜군이 한성에 입성하였을 때인 1592년 5월 2일에 경복궁은 온전히 서서 주인 잃은 빈 궁궐의 허허로움만을 드러내고 있었다. 왜군이 한성을 점령하고 승전고를 울리던 때까지는 경복궁과 한성 그리고 백성들의 목숨은 부지되고 있었다고나 할까. 그렇다면 평양성 전투에서 패하고 한성마저 탈환당하는 패전을 거듭하던 왜군들이 퇴각하면서 종묘와 궁궐을 비롯한 도성 시설을 방화하고 약탈과 살육을 자행하였던 것은 아닐까?

왜군을 따라 전쟁에 참여한 종군승(從軍僧) 석시탁(釋是琢)의 『조선일기(朝鮮日記)』에는 왜군이 한성에 입성한 직후에 경복궁을 직접 답사한 내용이 상세하게 적혀 있어 온전하게 남아 있던 경복궁의 모습을 잘 말해 주고 있다.

> 북산 아래 남향하여 자궁(紫宮, 경복궁)이 있는데 돌을 깎아서 사방 벽을 둘렀다. 다섯 발자국마다 누(樓)가 있고 열 발자국마다 각(閣)이 있으며 행랑을 둘렀는데 처마가 높다. 전각의 이름은 알 수 없다. 붉은

근정전 기단 남서 모퉁이의 돌조각 왜군이 입성하였을 때 경복궁은 신선이 사는 곳으로 여겨질 만큼 아름다운 모습을 갖고 있어 종군 왜승의 놀라움과 탄성을 자아냈다.

섬돌로 도랑을 냈는데 그 도랑은 서쪽에서 동쪽으로 흐른다. 정면에는 돌다리가 있는데 연꽃무늬를 새긴 돌난간으로 꾸며져 있다. 교각 좌우에는 돌사자 네 마리가 다리를 지키고 있다. 그 한가운데에는 돌을 다듬어 담을 쌓았는데 높이가 여덟 자이고 귀퉁이마다 방향에 맞추어 네 마리씩 열여섯 마리의 돌사자가 놓여 있다. 그 위에 자신(紫宸), 청량(淸凉) 두 전당이 있다. 돌로 된 기둥 아래위에 용을 조각하였다. 지붕에는 유리 기와를 덮고 잇단 기와 줄마다 푸른 용 같다. 서까래는 매단(梅檀) 나무인데 서까래마다 1개씩 풍경이 달렸다. 채색한 들보와 붉은 발에는 금

영제교 원래 근정문 앞뜰에 배치되어 궁안 앞부분을 관류하는 명당수 위에 설치되어 있었으나 1926년 조선총독부 청사를 지을 때 근정전 동행각 바깥뜰로 옮겨졌다. 홍례문 일곽이 복원되는 1999년 이후에야 제자리를 되찾게 될 예정이다.

과 은을 돌렸고 구슬이 주렁주렁 달렸다. 천장 사방 벽에는 오색팔채(五色八彩)로 기린, 봉황, 공작, 난(鸞), 학, 용, 호랑이 등이 그려져 있는데 계단 한가운데에는 봉황을 새긴 돌이 그 좌우에는 단학(丹鶴)을 새긴 돌이 깔려 있다. 여기가 용의 세계인지 신선이 사는 선계인지 보통 사람의 눈으로는 분간할 수 없을 정도이다.

여기서 알 수 있듯이 왜군이 입성하였을 때 경복궁은 불에 타기는커녕 신선이 사는 곳으로 여겨질 만큼 아름다운 모습을 갖고 있어 종군 왜승의 놀라움과 탄성을 자아냈던 것이다. 이 기록은 전쟁의 심각한 피해에 놀라 사실 확인도 하지 않고 자국민을 혹독하게 몰아붙인 지배층의 견해를 담은 사료들로 우리 역사를 보는 것이 얼마나 위험한가를 깨닫게 한다.

또한 명종 9년(1554) 9월에 중건된 경복궁의 모습을 명종 10년에 담아낸 「한양궁궐도병」이 왜란 때에 소실되었으리라는 『대동야승』의 기록도 재고할 여지가 있다. 궁궐이 불에 타지 않았다면 궁궐 그림도 옮겨져 잘 보관되었거나 왜군에 의해 약탈당하였으리라 생각하는 것이 타당할 것이다. 따라서 언젠가 우리 앞에 나타날지도 모른다.

「한양궁궐도병」을 찾지 못한 지금, 명종 때 중건된 경복궁의 모습을 궁궐 방화 당사자인 침략자들의 기록으로밖에 살필 수 없는 것이 우리

영제교 좌우의 돌짐승 임진왜란 당시 다리 좌우에 돌로 만든 짐승 조각 네 구가 있다 하였고 유득공의 「춘성유기」에는 돌로 만든 천록 조각이 동쪽에 2개, 서쪽에 1개 있다고 하였다. 현재는 다리를 중심으로 동서에 모두 네 마리의 돌짐승 조각이 놓여 있다.

가 처한 역설적인 상황이다. 어쨌든 우리는 『조선일기』를 통해 다음과 같은 귀중한 사실을 추정할 수 있다.

궁안 앞부분을 관류하는 명당수 위에는 돌다리가 있고 그 난간은 조선왕조 궁정 양식(宮廷樣式)을 대표하는 하엽동자기둥으로 치장되었으며 다리 좌우에 돌로 만든 짐승 조각 네 구가 배치되어 다리를 수호하는 모습을 유지하고 있었다.[27)]

궁전 핵심부의 석조 기단 네 모퉁이에 돌짐승 조각을 각각 네 마리씩 새겼다고 하였으나 이는 현재 그 자리에 있는 세 마리(암수 한 쌍과 새끼)의 해태 조각(유득공은 개라고 묘사)을 잘못 설명한 것이지만, 지금 남아 있는 돌조각이 조선 전기에 만들어진 것임을 확인시켜 준다.

그리고 왜군이 입성하였을 때 돌로 쌓은 경복궁 안에 무수한 전각과 행랑이 있었으나 이름을 알 수 없도록 현판을 모조리 떼어낸 상태였다. 그리하여 여덟 자 높이의 기단 위에 자신, 청량 두 전당이 있다고 하였으나 문맥으로 볼 때 자신전은 근정전을 가리킨 듯하다. 청량전의 존재는 현종 때 나온 『궁궐지』에 태조가 왕자의 난(1398년)을 피한 장소라고 쓰여 있을 뿐 『신증동국여지승람』에도 등장하지 않는 것으로 보아 일찍부터 청량전이란 현판은 건물에서 내려져 있었던 것 같다.

중 건

고종 이전의 중건 논의

'경복궁 중건' 이라는 조선왕조 후반기 최대의 건축 과제는 이후 270여 년 동안이나 실행에 옮겨지지 못하였다. 물론 경복궁 중건을 가장 먼저 책임져야 할 왕인 선조(宣祖, 재위 기간 1567~1608년)는 중건 계획을 구체적인 단계까지 입안하였다. 『선조실록』에 실린 여러 기사에 의하면 춘추관에서 중건에 필요한 자료, 곧 창건 때의 자료와 성종 때의 수리 기록인 『경복궁조성의궤(景福宮造成儀軌)』[28]와 명종 때의 중건 기록을 한데 묶어 등서(謄書)로 만들어 왕과 주무 관청인 공조에 바쳤다고 한다.[29]

이를 토대로 하여 중건을 단행하려고 하였으나 전쟁으로 인한 피해가 극심하여 대대적인 중건은 불가능하다고 판단, 결국 도중에 중지되었다.[30] 이런 판단에는 물론 경복궁터가 길하지 못하다는 풍수적인 믿음도 한몫을 하였다.[31] 그리하여 경복궁을 중건하기 위하여 준비한 재료로 창덕궁을 중건하고 말았다.[32]

광해군은 창덕궁, 창경궁을 중건하는 데 그치지 않고 인경궁과 경덕궁(경희궁)을 창건하며 재위 말년까지도 경복궁 중건을 회피하였다.[33] 그 결과 인조반정 이후 인경궁이 헐렸어도 도성 안에는 창덕궁, 창경궁, 경희궁 등이 동서로 있어 경복궁을 중건할 현실적인 필요가 없어지게 되었다.[34] 이후 현종,[35] 숙종,[36] 영조,[37] 익종[38] 등이 경복궁 중건의 염원을 밝히기도 하였으나 결국은 조선 말기인 고종 초년에 이르러 흥선대원군에 의해 중건이 실행된다.

중건 이전의 경복궁 현황

문헌 기록으로 본 모습

고종 중건 이전의 모습은 어떠하였을까? 순조 28년(1828)에 저술된 『한경지략(漢京識略)』에는 저자인 유본예(柳本藝)가 직접 답사하고 적은 글과 그의 아버지인 유득공(柳得恭, 1749~?)의 「춘성유기(春城遊記)」(1770년 작)가 실려 있는데 궐안의 시설뿐 아니라 자연환경을 자세히 적고 있어서 흥미롭다.[39]

먼저 궐안에 있었던 시설을 살펴보면 궁성 정문 자리에 새 문을 세우고 현판을 구광화문(舊光化門)이라 하였으며 1828년 무렵에는 홍예 돌축대 위에 문루가 세워져 있었던 사실을 알 수 있다. 또 위장하고 숙직하는 집도 있었다. 남문 안쪽에는 돌다리가 있고 돌로 만든 천록(天祿) 조각이 동쪽에 2개, 서쪽에 1개가 있었다. 근정전에 3층 축대 두 귀퉁이에는 돌로 만든 개〔石犬〕 암수가 있는데 암놈은 새끼 한 마리를 안고 있었다.[40] 근정전 축대 좌우에 용틀임한 돌이 있었는데 돌 위에 약간 파인 곳이 있어서 사관의 벼룻돌로 쓰였을 것이라고 고증하였다. 근정전터 뒤에 일영대가 있었다.

경회루터에는 연못에 걸쳐놓은 돌다리가 약간 무너진 채 있었고 경

백안산과 근정전 전경 건물 복구가 안 되었을 뿐 1920년대에 조선총독부가 간행한 『조선고적도보』에서 보이는 것처럼 폐허가 아니었음을 짐작할 수 있다.

회루의 용틀임한 돌기둥 48개(바깥쪽에 있는 기둥은 네모지고 안쪽에 있는 기둥은 둥글다)는 높이가 세 길이나 되는데 그 가운데 8개가 부러져 있었고 연못 서쪽에는 남북으로 두 섬이 있었다. 경회루 동북쪽에는 둥글거나 네모진 기둥 자리가 남아 있는 주춧돌이 널려 있었다. 이 부근에는 물이 마른 우물이 곳곳에 있었다.

북쪽 궁성 안에는 간의대를 비롯한 관련 시설의 흔적이 남아 있었다.[41] 또 궁성 동쪽에는 정해년에 왕비가 친잠을 행하던 곳이 있고 채상비가 세워져 있었다.[42] 채상비 북쪽에 벼를 심던 내농(內農)이 메워진 못처럼 남아 있었다.[43]

유득공이 「춘성유기」를 쓴 1770년 당시의 이러한 모습은 궁궐도로 그려져 일반에게까지 알려졌던 듯 유본예도 궁궐도를 보면서 경복궁을 답사하고 있으며, 건물의 위치에 대한 그의 설명이 현재 남아 있는 경복궁 관련 도면과 대체로 일치하는 것으로 보아 그가 본 궁궐도가 현존하는 도면들과 유사한 것이었으리라 여겨진다. 한편 여러 궁궐도에서 궁성 동북부에 표기하고 있는 선원전은 영조 39년(1762)에도 있었으며 왕이 배례하였다고 한다.[44)]

한편 『한경지략』에 "경복궁 안의 늙은 소나무에는 백로가 많아 멀리서 보면 마치 눈이 덮인 것 같고, 경회루의 못물은 파랗고 맑다. 동편 궁성 안에 있는 소나무는 모두 열 길이 넘어 학, 해오라기, 더펄새 들의 둥지가 되고 있으며 궁성 동북쪽 위장소에는 샘물이 있고 뜰에는 버드나무가 많다"고 하였다. 이러한 기록으로 보아 건물 복구가 안 되었을 뿐 1920년대에 조선총독부가 간행한 『조선고적도보』에서 보이는 것 같은 폐허가 아니었음을 짐작할 수 있다.

궁궐 그림으로 본 모습

조선 후기 경복궁의 현황을 비교적 잘 묘사한 자료로는 국립중앙도서관의 「경복궁도」와 「경복궁지도」,[45)] 삼성출판박물관 소장의 「경복궁전도」, 개인(강릉시) 소장의 「경복궁전도」 등이 남아 있다.

이 그림들은 성격상 경복궁 배치 약도라고 볼 수 있는데 한결같이 만춘전 동북쪽에 '정해친잠비(丁亥親蠶碑)'와 채상대를 표기하고 있어 영조 43년(1767, 정해년) 이후에 그려진 것임을 알 수 있다. 그런데 영조 48년(1772), 문소전 옛터에 비석을 세우고 비각을 건립한 사실은 표기되어 있지 않아 제작 연대를 짐작할 수 있다.[46)]

경복궁도 건물의 모습을 당시 유행하던 도법을 사용해 구체적으로 그려서 지금까지 알려진 평면 배치도보다 훨씬 중요하다고 하겠다. 종이 위에 먹, 74.3×50.2센티미터. (옆면)

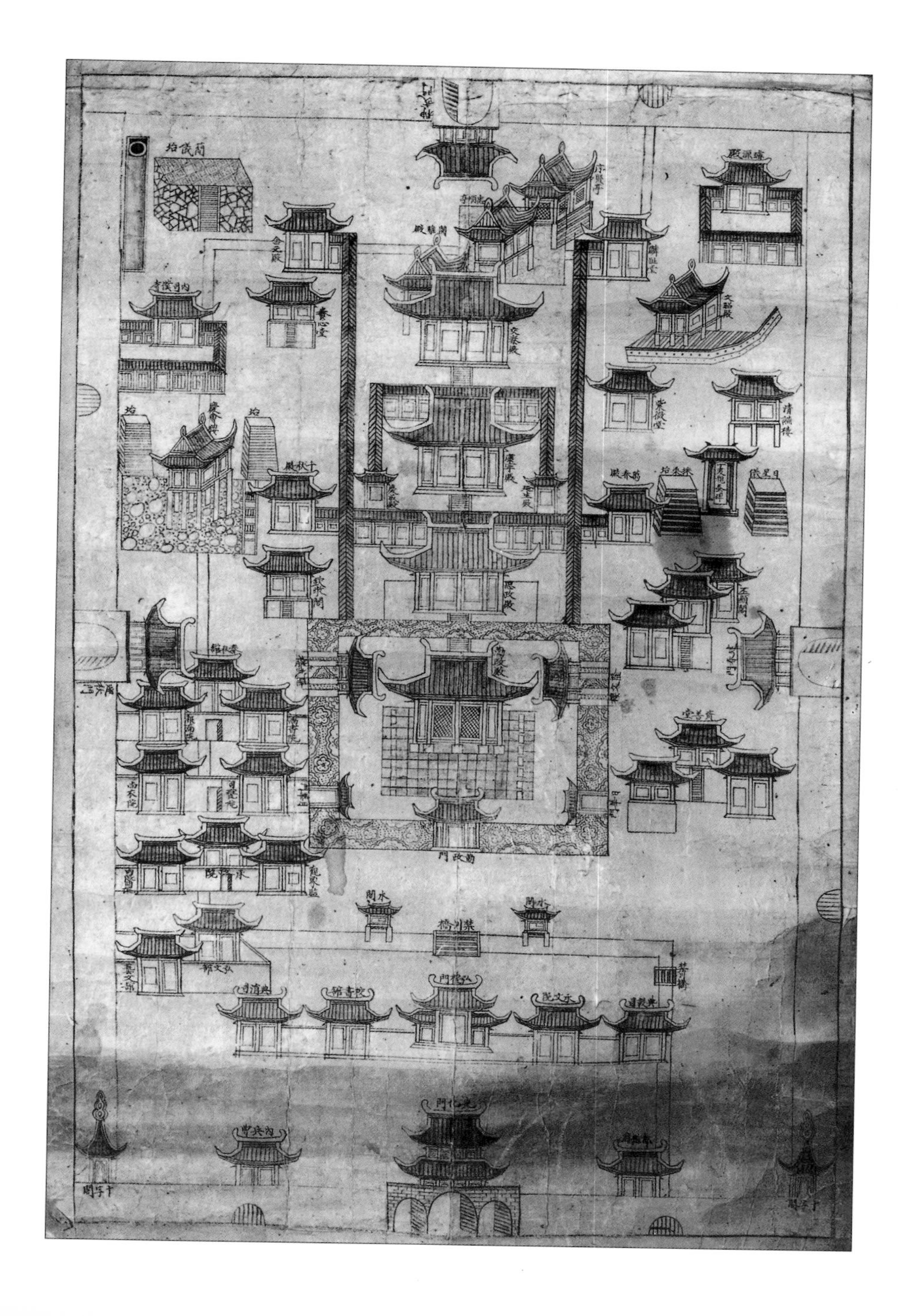

특히 최근 소더비 한국미술 경매전(미국 뉴욕, 1997년 3월 18일)에 출품됨으로써 알려지게 된 「경복궁도」는 위 도면들과 동일한 내용을 담고 있기는 하나, 그림의 형식에서 큰 차이를 보여 주목된다.[47] 순조 때 만들어진 『동궐도』와 같은 회화적인 궁궐도는 아니지만 평면 배치 약도를 밑그림삼아 건물의 모습을 정면도와 등각투상도(等角投像圖)로 묘사하였다.

대부분의 건물이 팔작집 모양의 정면관으로 그려진 반면 광화문 석축의 홍예문과 경회루, 문소전, 후원의 여러 건물(관저전, 충순당, 서현정)은 평면을 30도 정도 기울이고 선을 수직으로 올려 건물을 입체적으로 그리는 등각투상도법으로 그려져 있다. 또 회랑이나 행각은 건물 정면에 조감도법으로 그린 지붕 평면을 결합하는 방식으로 그려져 있다.

이 밖에 전통적으로 사용되어 온 도법이지만 건물 방향에 따라 시점을 달리하는 사면전개도법(四面展開圖法)이 궁성의 네 문과 근정전 행각의 융문루, 융무루, 일화문, 월화문 등에 적용되었다.[48] 이렇듯 여러 가지 도법을 다양하게 구사하여 그렸음에도 불구하고, 건물의 상호 위치 관계만 신빙성이 있을 뿐 규모나 형태는 사실인 것 같지 않다. 근정전 행각을 꽃무늬 벽지처럼 그린 것이나 모든 관청 건물을 정면 2칸 규모로 통일한 점이 더욱 그러하다.

그러나 사실적인 묘사가 부족한 것 때문에 그 가치가 줄어드는 것은 아니다. 조선왕조의 창업자인 태조가 세운 법궁 경복궁에 대한 역대 왕의 관심은 적지 않은 것이었고, 이런 과정에서 경복궁의 옛모습을 파악하려는 노력으로 많은 궁궐도가 그려졌던 것이다. 그 가운데서도 이 「경복궁도」는 건물의 모습을 당시 유행하던 도법을 사용하여 구체적으로 그린 것이어서 지금까지 알려진 평면 배치도보다 훨씬 중요하다고 하겠다.

고종황제 어진 임진왜란으로 소실된 경복궁을 중건하려는 계획은 270여 년 뒤에야 실현에 옮겨진다. 곧 선조의 중건 계획은 전쟁으로 인한 피해 극심으로 대대적인 중건이 불가능하다고 판단, 중지되어 결국 조선 말기인 고종 초년에 이르러 흥선대원군에 의해 실현된 것이다. 비단에 채색, 210×116센티미터, 20세기, 창덕궁 소장.

고종 대의 중건

중건 과정

고종 2년(1865) 4월 2일의 전교(傳敎) 이후 발빠르게 진행된 중건 공사는 혹심한 재정적 궁핍을 겪으면서도 계속되어 2년 7개월 만인 고종 4년(1867) 11월에 거의 완공되었다. 창덕궁에서 경복궁으로 270여 년 만의 이어(移御)가 이루어진 것은 그로부터 8개월 후인 고종 5년 7월 2일이었다. 중건 공사는 궁성→내전→외전→경회루→별전→행각

태조 고황제(太祖高皇帝)의 금보(金寶) 조선 후기 궁중 문화 유산이 대부분 소실되었음에도 여러 왕의 어보가 전하고 있어 화려한 궁중 문화의 일면을 보여 주고 있다. 이 어보는 태조의 존호를 새긴 금제 어보로 고황제 추존 이전에 사용된 것이다. 높이 7.5센티미터, 가로와 세로 각 9.5센티미터.

순으로 진행되었다.[49] 신무문 밖 후원에 새로운 건물인 융문당, 융무당, 비천당 등을 창건한 것은 1868년(고종 5)이었으며, 정부 기관의 시무처(視務處)인 궐내 각사(闕內各司)를 계속 지어나갔다. 1872년(고종 9) 9월에 공사가 마무리되어 영건도감(營建都監)이 해체되었으나 이듬해에는 궁성 북부에 다시 건청궁(乾淸宮)을 지었다.

그러나 1873년 12월에는 대비전인 자경전이 소실되어 1876년(고종 13) 4월에 자경전이 중건되고 교태전, 자미당, 인지당 등의 개건이 완료되었다. 그러나 같은 해 11월에 다시 불이 나서 교태전과 그 일곽(인지당, 건순합, 자미당, 덕선당), 자경전과 그 일곽(협경당, 복안당, 순희당), 강녕전과 그 일곽(연생전, 경성전, 함원전, 흠경각, 홍월

각) 등 총 830여 칸이 소실되었다. 이때 조선 후기 궁중 문화의 유산도 대부분 소실되었다. 대보(大寶, 玉璽)와 동궁의 옥인(玉印)만을 겨우 건졌을 뿐 모든 보(寶)와 부신(符信)을 잃었다. 이때 불타 버린 건물은 1888년(고종 25)에 가서야 복구되었다.

이후 1893년에는 궁성 북문 밖 후원에 경농재(慶農齋), 대유헌(大酉軒)을 새로 지었다. 그때까지 지은 건물의 내역은 고종 때 간행된 『궁궐지(宮闕誌)』와 「북궐도형(北闕圖型)」, 「북궐후원도형(北闕後苑圖型)」이란 이름의 배치 평면도를 토대로 그 전모를 파악할 수 있다. 이들 자료에 의하면 완성된 궁궐은 궁성 둘레 1,813보(步), 높이 20여 척(尺), 규모 7,481칸에 이르는 대규모의 장엄한 궁궐이었다.[50)]

전각 구성과 배치 형식

전각 구성

중건된 경복궁의 규모와 위치는 『궁궐지』, 「북궐도형」, 「북궐후원도형」 등의 자료를 통해서 알 수 있고, 기능은 『고종실록』과 『증보문헌비고』, 『여지고(輿地考)』「궁실조(宮室條)」[51)]를 근거로 파악할 수 있다.

조선 전기와 비교할 때 광화문에서 교태전까지의 핵심 부분 곧 정전, 편전, 침전의 구성상 변화된 것은 왕의 침전인 강녕전 좌우에 연길당, 응지당이 추가되고 광화문에서 홍례문까지 좌우에 있던 장랑(長廊)이 담으로 바뀐 점이다. 그러나 동궁에 계조당〔正堂〕과 자선당〔便堂〕 이외에 시강원과 익위사가 신설되고 청연각 자리에 자경전이 건립되면서 청연각은 부속 누각으로 처리되었다. 궁성 동북부와 서북부가 크게 확장되었고 궐내 각사의 배치가 조선 후기의 변화된 관직을 반영하였으며[52)] 교태전 뒤에 아미산을 후원(後苑)으로 꾸몄다.

또 아미산 뒤쪽과 향원정 사이에 전에 없이 많은 내전을 건립하고[53] 방지(方池)와 관저전, 서현당, 취로정, 충순당이 있던 자리에 큰 연못을 파고 섬 안에 2층의 향원정을 세웠으며, 향원정 뒤에 건청궁이라는 '궁중궁(宮中宮)'을 따로 두었다. 그리고 경회루와 간의대 사이에 여러 제전(祭殿),[54] 문소전 자리에 선원전을 세우고, 신무문 안쪽에 왕실 서고의 하나인 집옥재(集玉齋)를 신설하였으며,[55] 신무문 밖에 후원을 만들고 융문당·융무당·경농재·오운각 등을 세웠다. 이러한 것은 조선 전기 경복궁과 달라진 점이다.

경복궁 중건은 임진왜란 직전 상태를 복원하는 데 그치지 않고 수많은 건물을 곳곳에 창건하는 등 명실상부한 중창(重創)을 시도한 것이었다. 선왕이 세운 것을 계승한다는 명분을 앞세워 새로운 궁궐을 조영한 것이다. 전각 구성상의 이러한 변화는 내전(內殿) 건물의 평면에서 보이는 자유롭고 다양한 형태와 구성, 건청궁에 응용된 사대부 주택의 사랑채, 안채, 행랑채 구성에서도 그대로 나타난다. 그러나 핵심 부분의 배치 형식은 그대로 복원된 것으로 보인다. 이른바 법궁 체재(法宮體裁)를 복구하려는 것이 중건의 목표였기 때문일 것이다. 옛 제도〔古制〕를 상고하여 선왕들의 업적을 살려내겠다는 상고주의적(尙古主義的)

경복궁 배치도(북궐도형, 옆면) 범례

1 근정전	11 자경전	21 간의대	31 건춘문
2 근정문	12 청연루	22 문경전	32 만경전
3 사정전	13 협경당	23 내 각	33 만화당
4 수정전	14 제수합	24 영추문	34 목임문
5 경회루	15 함화당	25 숭양문	35 경안당
6 경성전	16 집경당	26 마 랑	36 동십자각
7 연생전	17 향원정	27 연 고	37 서십자각
8 강녕전	18 팔우정	28 광화문	
9 교태전	19 집옥재	29 홍례문	
10 아미산	20 신무문	30 영제교	

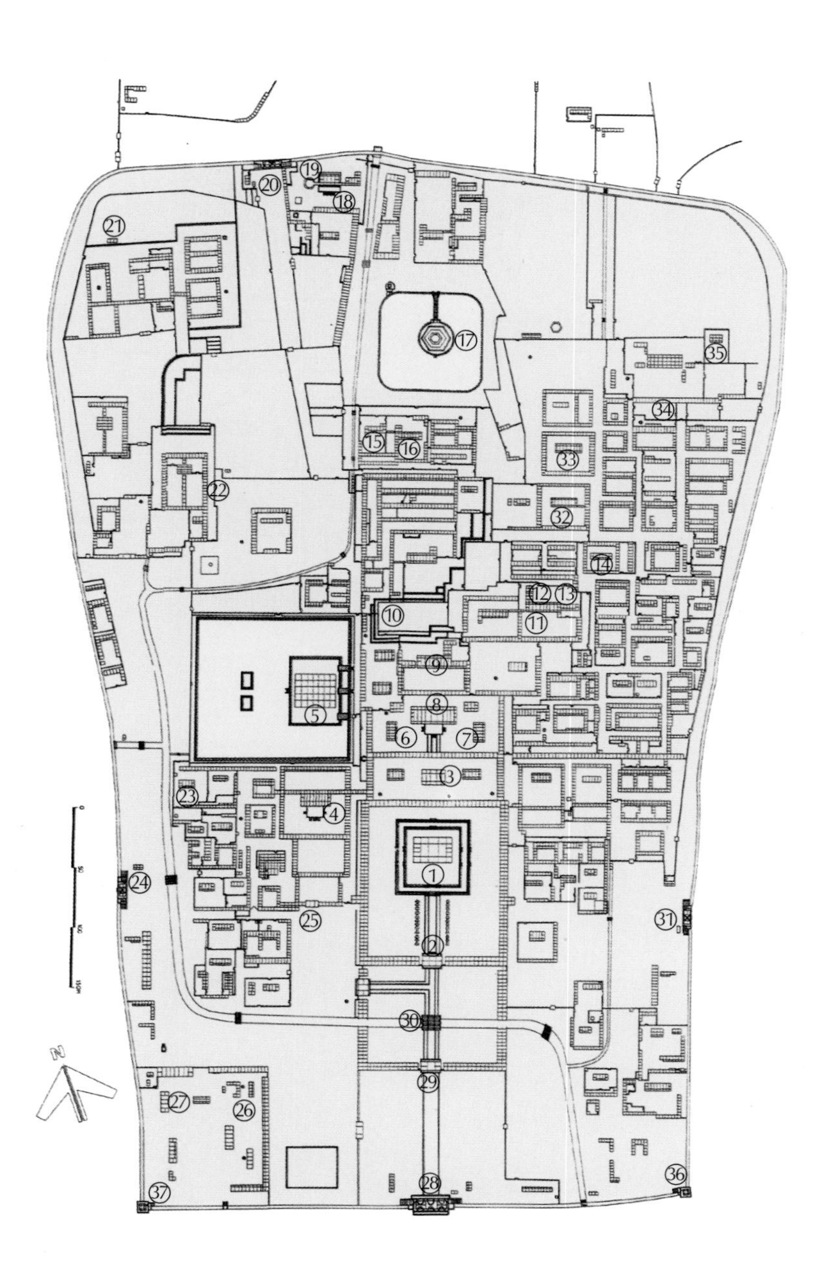
①
②
③
④
⑤
⑥
⑦
⑧
⑨
⑩
⑪
⑫
⑬
⑭
⑮
⑯
⑰
⑱
⑲
⑳
㉑
㉒
㉓
㉔
㉕
㉖
㉗
㉘
㉙
㉚
㉛
㉜
㉝
㉞
㉟
㊱
㊲
N

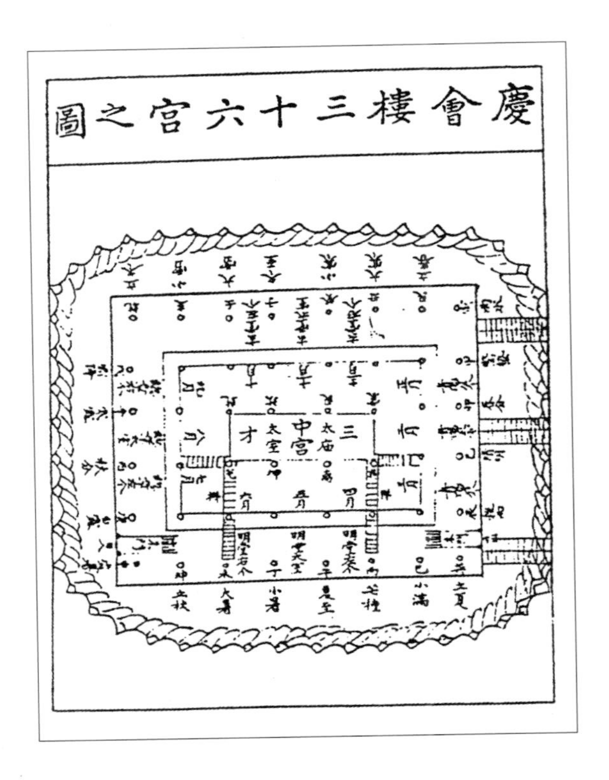

경회루36궁지도 이 그림은 옛 제도를 상고하여 선왕들의 업적을 살려내겠다는 상고주의적 목표에 대한 집요한 추구를 극명하게 보여 준다.

목표가 집요하게 추구된 예를 「경회루전도(慶會樓全圖)」에서 극명하게 볼 수 있다.[56)]

배치 계획과 원리

그렇다면 중창이라고 말할 수 있는 경복궁 배치 계획상의 특징은 무엇일까? 『경복궁창덕궁내상량문(景福宮昌德宮內上樑文)』(국립중앙도서관 소장)에 실린 중건 당시의 상량문에 의하면 다음과 같은 사실을 알 수 있다.

청나라 대동원(戴東原)의 저서인 『대씨유서고공기도(戴氏遺書考工記

圖)』와 창덕궁과 경희궁의 궁실 제도를 참작하였다. 배치의 사상적 원리로서 역상(易象, 태극과 사상, 팔괘)을 취한 것은 물론 밤하늘의 별자리 가운데 제왕별자리〔태미원(太微垣)과 자미원(紫微垣)에 각각 소속되어 있음〕의 배치를 본땄다.

곧, 삼문 삼조의 궁실 제도를 바탕으로 하되 그 시기의 궁궐인 창덕궁과 경희궁의 건축과 구성을 참조하였고, 근정전을 비롯하여 교태전까지의 중심 일곽이 태극도설이나 천문도(天文圖)의 별자리 배치를 반영하였다는 사실을 알 수 있다.

천문학은 예로부터 제왕학(帝王學)이었으며, 궁정 예술과 밀접한 관련이 있었다. 더구나 하늘에서 북극성을 중심으로 천체의 모든 별들이 운행하듯, 땅 곧 인간 사회에서는 왕이 중심이라는 사고 때문에 왕은 북극성에 비유되었다. 궁궐의 정전을 자극전(紫極殿), 자신전(紫宸殿) 등으로 명명한 것도 이 때문이다. 그뿐 아니라 중국을 비롯한 동양 사회에서는 별자리에 이름을 붙일 때 궁궐을 비롯한 사회 조직을 별자리에 투영시켰다. 강녕전 일곽의 다섯 채 건물이 별자리의 오제좌(五帝座)에 해당하는 것과 같다.

태극도설이란 성리학적 우주관을 도식적으로 요약하여 그린 그림이다. 음과 양 이전의 원초적인 혼돈 상태를 태극이라 하며 태극이 음과 양으로 나누어져 사물을 형성한다는 사상을 그린 그림이다.

이를 경복궁 배치에 적용해 보자. 먼저 교태전은 왕비의 침전으로서 왕과 왕비가 이곳에 거처하면서 아들을 낳으면 그가 왕세자를 거쳐 지극한 존재인 왕위에 오르기 때문에 교태(交泰, 태극)라고 이름을 지은 것이다. 교태전의 정문도 음양을 뜻하는 '양의(兩儀)'로 문밖으로 우주 곧 세계가 열림을 뜻한다. 양의문 밖에는 왕의 침전인 강녕전을 비롯한 다섯 채의 건물이 배치되어 있어 우주 만물을 구성하는 근본 요소인 오행을 상징하고 있다. 강녕전의 정문인 향오문(嚮五門) 밖에는 편전인 사정전, 만춘전, 천추전 등 세 채의 건물이 있어서 강녕전 일곽 다섯 채와 합쳐져 팔괘를 상징한다.

이상의 내용을 요약하면 중창된 경복궁의 핵심부는 정전(북극성)→편전 세 채〔삼광지정(三光之庭)〕→왕의 침전 다섯 채〔오제좌(五帝座)〕 순으로 배치되어 천문도의 별자리를 모방하고 있다고 볼 수 있다. 반대 방향으로 해석하면, 왕비의 침전〔태극(太極)〕→문〔음양(陰陽)〕→왕의 침전 다섯 채〔오행(五行)〕로 태극도설과 일치한다. 결론적으로 중건 배치 계획안은 역리(易理)와 음양 오행 등 건축 외적 사상을 바탕으로 삼고 있다는 점에서 조선 초기 이래의 전통을 계승하고 있다고 말할 수 있다.

형식적 특징

그렇다면 궁실 제도와 성리학의 자연관을 심층 구조로 하여 설계된 경복궁의 특징은 무엇일까? 먼저 정전 일곽 궁궐 핵심부의 형식적 특징을 정리하면 다음과 같다. 첫째, 궁성 남쪽 중앙에 자리잡은 정문인

근정전 일곽 행각으로 둘러싸인 마당은 종심형 중정으로 공간의 깊이를 강조하여 왕권의 권위를 한층 강화하고 있다. 지금은 헐리고 없는 조선총독부 청사 2층에서 본 모습이다.

사정전 추녀 모든 경복궁 건물의 평면은 직사각형이고 규모와 기단의 높이, 공포의 출목수, 채색의 화려한 정도 등에 차별을 두어 주종관계가 분명한 위계성을 드러냈다.

광화문으로부터 왕의 침전인 강녕전까지는 임좌병향(壬坐丙向)의 축선 위에 좌우대칭이 엄격하게 적용되었다. 둘째, 모든 건물의 평면은 직사각형이고 건물의 규모와 기단의 높이, 공포의 출목수, 채색의 화려한 정도 등에 차별을 두어 주종관계를 분명히 하는 등 위계성을 드러냈다. 셋째, 행각으로 둘러싸인 마당은 종심형(縱心形) 중정으로 공간의 깊이를 강조하여 왕권의 권위를 한층 강화하고 있다. 넷째, 궁궐 후원의 연못 안에 섬을 만들어 세운 향원정도 광화문부터의 중심축을 율선(律

線)으로 삼아 배치되었을 정도로 이 축은 배치 전체를 통제하고 있다. 다섯째, 거의 모든 건물이 남향이고 저마다의 중심축도 전체의 중심축에 평행하고 있다. 그 결과 경복궁은 권위적 형식에 바탕을 둔 이상주의적 아름다움을 표출하게 되었다.

이러한 조형적 효과는 경복궁 중건을 담당하였던 집권 관료층의 명분적 사고와 합치되는 것이다. 그들은 천리(天理)나 태극 같은 추상적이고 불변적인 가치를 철저하게 신봉하였으며, 18세기 이래로 전통적 천문학과 이에 바탕을 두고 성립된 천명사상(天命思想)이 빛을 잃고 퇴색하는 가운데서도 굳건하게 척사위정적(斥邪衛正的) 태도를 견지하고 있었다. 왕이 하늘의 아들〔天子〕이라고 믿지는 않으면서 왕권을 신성시하는 이데올로기로서의 천명사상은 고수하였다. 그리하여 이를 부정하는 외부의 어떠한 세계관도 받아들일 수 없다고 믿는 의사(擬似) 신앙적 관점을 견지하고 있었기에 집권 세력이었던 중건도감의 관료들은 위와 같은 형식을 경복궁 중건안(重建案)에 반영한 것으로 해석된다.

인간 사회를 통제하는 질서와 우주 현상을 통제하는 이법(理法)을 동일시하고 이를 바탕으로 계급간의 엄격한 구분에 입각한 조화를 추구하는 정치관, 윤리관이 그들의 미의식으로 잠재되어 있었기에 궁궐 건축은 그들의 유교주의적 이상을 실현시킬 수 있는 가장 이상적인 건축이었던 것이다.

정전 일곽이 이처럼 형식주의적 미에 치중하여 설계, 배치된 반면 주변부의 건물은 보다 자유롭게 조영되었다. 경회루 못은 근정전 일곽과 같은 규모이면서 동서 방향으로 길게 배치되어 정전 일곽의 종심성 질서에 파격을 이룬다. 더구나 경회루의 동서 중심축은 교태전의 정문과 남행각을 관통하면서 경복궁 전체의 동서 중심축 역할을 하고 있어서 주목된다. 배치상의 이러한 파격과 함께 개별 건물의 평면 형식이 직사각형을 벗어나 자유로운 형식을 택하게 되는 것도 이 동서 중심축 북쪽

부터이다.

그리하여 교태전, 자미당, 자경전, 흥복전, 함화당, 집경당, 건청궁 등은 직사각형을 기본으로 하되 여러 개의 사각형을 조합하여 변화 있는 평면을 시도하였다. 향원정은 육각형, 집옥재는 복합형(팔각형+사각형+ㄴ자형) 평면으로 설계되었다. 이 건물들은 여러 종류의 평면을 결합하여 새로운 형식의 평면을 구성하고, 각 평면에 다양한 높이를 주어 지붕 결합부에서 풍부한 형태미를 표출한다. 그 결과 경복궁 북반부에 자리잡고 있는 건물은 남북축과 동서축에 의해 형성된 격자틀 안에 배치되었으나 엄격한 형식에서 벗어난 자유로운 구성미를 갖는다.

한편 경복궁 내 건물 배치에서 지적할 수 있는 또 하나의 특징은 정전 서쪽에서는 경회루 남쪽에 관청이 밀집되어 있고, 정전 동쪽에서는 동궁 이북에서부터 선원전에 이르기까지 후궁에 속하는 별당 건물이 조밀

향원정 궁성 후반부에 넓은 터를 마련한 이유는 이곳에 궁궐 내 제사와 관련된 중요 건물과 향원정이나 집옥재처럼 왕실 일가가 독서하고 휴식하는 공간이 있기 때문이다.

흥복전의 옛모습 경복궁 북반부에 자리잡고 있는 건물은 남북축과 동서축에 의해 형성된 격자틀 안에 배치되었으나 엄격한 형식에서 벗어난 자유로운 구성미를 갖는다. 1920년대.

하게 배치된 점이다. 그리하여 선원전 이북에서 궁성까지는 남여고(藍輿庫)나 육우정(六隅亭)을 제외하고는 건물이 없고 경회루 이북 넓은 터에는 문경전, 회안전(이상 빈전), 태원전(혼전) 등 궁궐 내 흉례(凶禮)를 거행하는 장소를 마련하였다. 숙설소(熟設所)나 세답방(洗踏房) 등 부속 시설을 고려하더라도 궁성 후반부에 이렇듯 넓은 터를 마련한 이유는 그 주변이 진전, 빈전, 혼전 등 궁궐 내 제사와 관련된 중요 건물이 있어서이다. 또 이곳이 향원정이나 집옥재처럼 왕실 일가가 휴식하고 독서하는 지역이기 때문이기도 하다.

경복궁의 수난

경복궁을 중건한 지 30년밖에 안 된 시점에서 조선 왕실은 경운궁으로 이어(移御)할 수밖에 없었다. 일본 제국주의의 노골적인 침탈이 극심해지고 경복궁 깊숙이 자리잡고 있던 건청궁 옥호루(玉壺樓)에서 왕비마저 일본 군대에게 시해당하자 경복궁은 더 이상 왕실 보호의 요새일 수 없었다.

그리하여 경운궁에 머무르며 대한제국을 선포한 황실은 이제 경복궁에서 만화당(萬和堂), 문경전(文慶殿), 회안전(會安殿) 등 여러 건물을 경운궁으로 옮겨 경운궁을 황궁으로 만들어야 하였다. 이런 과정에서 경복궁 일부가 훼손되었다. 단독 건물만도 수백 채에 이르던 중건 경복궁에 대한 파괴는 그러나 일본 제국주의의 한국 병탄(倂呑) 이후 본격화되었다. 그리하여 현재와 같이 정전, 편전, 자전 그리고 경회루와 후원 일곽만이 겨우 남아 있게 되었다.

대한제국을 병탄하기도 전인 1909년경에 이미 서궐(西闕)인 경희궁을 헐어내고 그 자리에 일본을 위한 중학교를 세운 야만적 경험이 있는 일본인들은[57] 1914년에는 침략 5주년(1915년)을 기념하는 '물산공진회(物産共進會)'를 경복궁에서 개최한다는 명목으로 정전, 편전, 침전

조선총독부 청사 건설 현장 1916년 일제는 조선총독부 청사를 착공하면서 광화문과 근정문 사이에 있던 홍례문, 유화문, 행각, 영제교 등을 철거하였다.

일곽을 제외한 모든 건물을 헐어냈다. 1916년에는 조선총독부 청사를 착공하면서 광화문과 근정문 사이의 조정에 있던 홍례문, 유화문, 행각, 영제교 등이 철거되었고 1917년에는 강녕전, 교태전 등 왕과 왕비의 침전 일곽마저 창덕궁의 불탄 침전을 중건한다는 미명 아래 헐린 채 옮겨졌다.

1919년의 3·1독립만세운동으로 주춤해졌던 경복궁 파괴 사업은 그러나 1926년에 조선총독부 건물이 완공되고 광화문이 철거, 이전됨으로써 더욱 악랄하게 전개되었다. 그 결과 경복궁은 본래의 모습을 상실한 채 우리 민족의 시야로부터 가려지게 되었다.[58] 이후 무수한 전각이 헐려 나가 원형의 10분의 1도 남지 않았고 그렇게 헐린 건물은 일본인이나 그들의 기관, 사찰 등에 팔리는 등 기구한 운명을 겪게 되었다.[59]

또 헐린 자리에는 총독부 관리들의 전시 행정(展示行政)에 필요한 시설들이 마구 들어섰으며 전국 각지의 명산대찰 터에 남아 있던 불교 유물(불탑, 승탑, 탑비 등)을 파손하면서까지 옮겨와 그들이 헐어낸 건물 터에 세웠다.

1935년에는 건청궁을 헐고 그 자리에 대한제국 병탄 25주년 박람회장을 세웠으며 이것이 조선총독부박물관이 되었다. 이렇게 되자 경복궁은 더 이상 궁궐로서의 면모를 유지할 수 없게 되었다. 신무문 밖 후원에 있던 융문당, 융무당, 경농재, 경무대 등은 1929년에 헐려 일본 고야산 용산사 현장으로 팔려갔다. 1939년에는 총독 관저(청와대에서 사용하다가 1995년에 철거)가 세워져서 경복궁은 일본 건물에 둘러싸

조선총독부 청사 국립중앙박물관으로 사용되던 이 건물을 경복궁 복원과 일제의 잔재 철거라는 명분으로 1996년 완전 철거하였다.

일제에 의해 경복궁에 옮겨진 불교 유물 전국 각지의 명산대찰 터에 남아 있던 불탑, 승탑, 탑비 등 불교 유물을 파손하면서까지 옮겨와 그들이 헐어낸 건물터에 세웠다. 왼쪽은 갈항사지 3층석탑, 오른쪽은 정토사 홍법국사실상탑이다.

인 꼴이 되었다.

위와 같은 경복궁 수난사는 우리 민족의 수난과 궤를 같이하였다. 곧, 일제에 의한 경복궁의 파괴, 왜곡, 변형 등은 작게는 조선왕조 500년을 부정하는 짓인 동시에 크게는 민족사 전체를 부정하고 우리 국토를 영원히 식민지화하려는 것임은 두말할 나위가 없다. 최근 정부기록보존소에서 찾아낸 수백 장의 도면 자료를 보면 경복궁 파괴 사업이 주

1930년대 서울 시가지 모습 멀리 백악산 아래로 지금의 서울시 청사와 철거된 조선총독부 청사에 경복궁이 완전히 가려졌다.

도면밀하게 자행되었음을 알 수 있다. 골프장, 야외극장, 식당, 맥주회사, 분수, 은행, 우체국, 터널, 육교까지 궁안에 설치하려 한 사실이 적나라하게 드러나 있고 현존하는 몇 안 되는 건물들도 개조된 채 오늘날까지도 제대로 복구되지 못하고 있는 실정이고 보면, 경복궁의 완전한 복원이 얼마나 어려운 일인가를 새삼 깨닫게 된다.

한편 현존하는 건물은 성문루(城門樓)인 광화문(1865년, 석축 부분만 원형), 건춘문(1865년), 신무문(1865년), 동십자각(1865년, 궁성은 파괴), 정전 일곽의 근정전 · 행각 · 근정문 · 융문루 · 융무루(이상 1865년), 편전인 사정전과 천추전, 내전인 자경전(1888년) · 제수합 · 함화당 · 집경당(이상 1865년 무렵인지 1888년 무렵인지 불분명)과 수정전, 경회루, 향원정(이상 1865년), 집옥재, 협길당(이상 1873년 무렵) 등이다.

발굴과 복원

조선총독부 청사의 철거

잃었던 나라를 찾은 지 50년 만인 1995년에서야 비로소 총독부 건물을 헐기로 결정하고 1996년 8월 20부터 11월 13일 사이에 완전히 철거하였다. 물론 그 이전에도 이 건물을 헐자는 논의가 있었으나 그때마다 흐지부지되었다. 1982년에는 중앙청을 과천 정부종합청사로 옮기면서 겉으로는 국민의 의견을 묻는 공청회를 몇 차례 연 다음 건물을 헐기는 커녕, 1986년에 급기야 민족문화의 보고인 국립중앙박물관으로 활용하게 하였다. 이 결정에 반대한 사람들은 이후에도 꾸준히 문제 제기를 하면서 새로운 박물관을 짓고 유물을 모두 옮긴 후 조선총독부 청사를 헐자는 주장을 끊임없이 펼쳐나갔다.

그러던 중 경복궁 복원을 위하여 조선총독부 청사 철거 문제가 제기되자 문민정부에서 국민 여론을 수렴하겠다고 밝히면서 철거 논의가 본격화되었다. 그러나 건물을 철거해야 한다는 목표만을 달성하기 위하여 건물 안에 보관·전시되어 있는 우리 민족문화의 총체적인 유산을 졸속으로 옮길 경우, 더 큰 것을 잃을 수도 있다는 우려 때문에 "먼

조선총독부 청사에 가리워진 근정전 해방 이후 50년 동안 헐어내지 못하였다는 반성과 이제 하루빨리 우리가 헐어야 한다는 조바심으로 새로운 박물관을 착공하기도 전에 식민 통치의 본거지는 71년 만에 이 땅에서 자취를 감추게 되었다.

저 박물관을 짓고 그 다음에 총독부 청사를 철거하자〔先博物館建立 後總督府廳舍撤去論〕"는 주장이 문화계 일각에서 제기되었다. 그러나 해방 이후 50년 동안 헐어내지 못하였다는 반성과 이제 하루빨리 우리가 헐어야 한다는 조바심으로 새로운 박물관을 착공하기도 전에 식민 통치의 본거지는 71년 만에 이 땅에서 자취를 감추게 되었다. 조선총독부 청사 철거 과정의 논쟁은 철저하게 파괴된 문화 유산을 원형대로 복구하는 일, 나아가 이미 우리 현대사의 일부가 되어 버린 부정적 문화 유산의 철거에 대해서 국민적 합의를 이끌어내는 일이 얼마나 어려운지를 보여 주는 산 예로 역사에 기록될 것이다.

그러나 여기서 한 가지 더 생각하고 넘어가야 할 것은 정부의 졸속

행정 때문에 세워진 경복궁 안의 현대식 건물들은 어떻게 할 것인가 하는 문제이다.[60] 처음부터 짓지 않는 것이 가장 현명하다는 깨달음을 우리는 지금도 얻지 못하고 있다. 경희궁터에는 서울시립박물관을, 경복궁 안에는 궁중역사박물관을 새로 짓는 일이 궁궐의 복원을 추진하는 중에도 버젓이 병행되었다. 이러한 모순을 극복하는 것이야말로 우리가 해야 할 일이다.

복원 계획과 시행

경복궁은 왕정 복고를 위하여 복원되는 것이 아니라 일제에 의해 단절된 우리 역사를 극복하고 민족문화의 연속적 발전을 이끌어내기 위한 책임으로 복원되는 것이다. 5단계 복원 계획을 세워 현재 2단계 공사를 마무리하고 3단계 공사를 진행중이다. 1990년에 확립된 복원 공정은 고종 때 중건된 경복궁을 복원 목표로 삼되, 총사업기간 1990~2009년까지 20년 동안, 총사업비 1,789억 원이 소요될 것으로 산정되었다.[61]

경복궁 복원 계획

	기 간	복원 구역
1단계	1990. 1~1995. 12.	침전 지역
2단계	1994~1997	동궁 지역
3단계	1997~2000	빈전(태원전) 지역
4단계	2000~2004	홍례문 지역, 수정전 지역
5단계	2003~2009	광화문 · 서십자각 · 외곽 담장 · 자경전 · 집경당 및 함화당 제수합 지역, 집옥재 지역, 흥복전 지역, 건청궁 지역, 복원하지 않은 건물터 정비

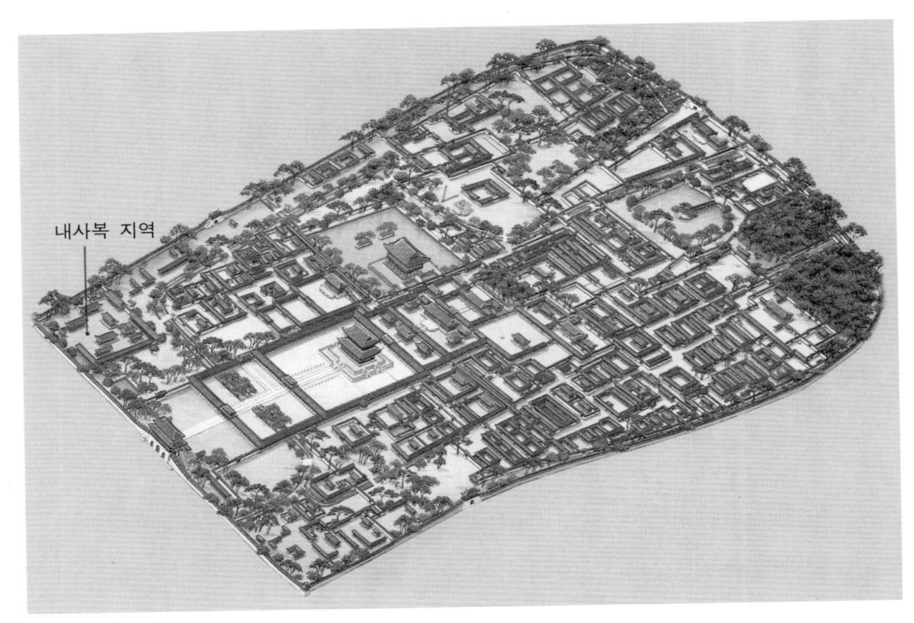

경복궁 본래 모습의 추정 조감도

이러한 복원 계획과 아울러 일제가 지은 조선총독부박물관(전통공예 전시관으로 사용되어 오다가 1998년에 철거됨)과 해방 뒤 정부에서 지은 문화재연구소 청사, 종각, 경복궁관리사무소, 지하수장고 등 여러 건물들은 대부분 철거하기로 하고 다만 지금의 국립민속박물관과 왕궁역사박물관, 주차장 부근 서비스 시설 등은 남겨 두기로 확정하였다. 1991년에 착공된 복원 공사는 아주 빠르게 진행되어 교태전을 비롯한 침전 일곽의 건물 12채가 1996년에 완공되어 일반에게 공개되었다. 그리고 1997년 이후 동궁 영역의 복원이 진행되고 있으나 제3단계의 복원 계획은 경제 위기로 인해 많이 지연될 것으로 보인다.[62] 그렇다 하더라도 실로 80여 년 만에 경복궁은 제 모습을 어느 정도 되찾

경복궁 정비 조감도

아가고 있다.

발굴 과정과 앞선 시기의 유구

그러나 너무 서두르는 감이 없지 않다. 고종 연간에 중건된 모습을 원형으로 삼아 복원을 진행하고 있는 데는 이견이 없으나, 이왕에 발굴조사를 하는 만큼 유구에서도 경복궁의 역사를 좀더 면밀하게 확인해야 하지 않을까 한다. 조선 초기나 창건 당시의 유구는 건축사적으로도 중요할 뿐 아니라, 조선 초기의 역사상에 합치되는 궁전의 모습을 구체

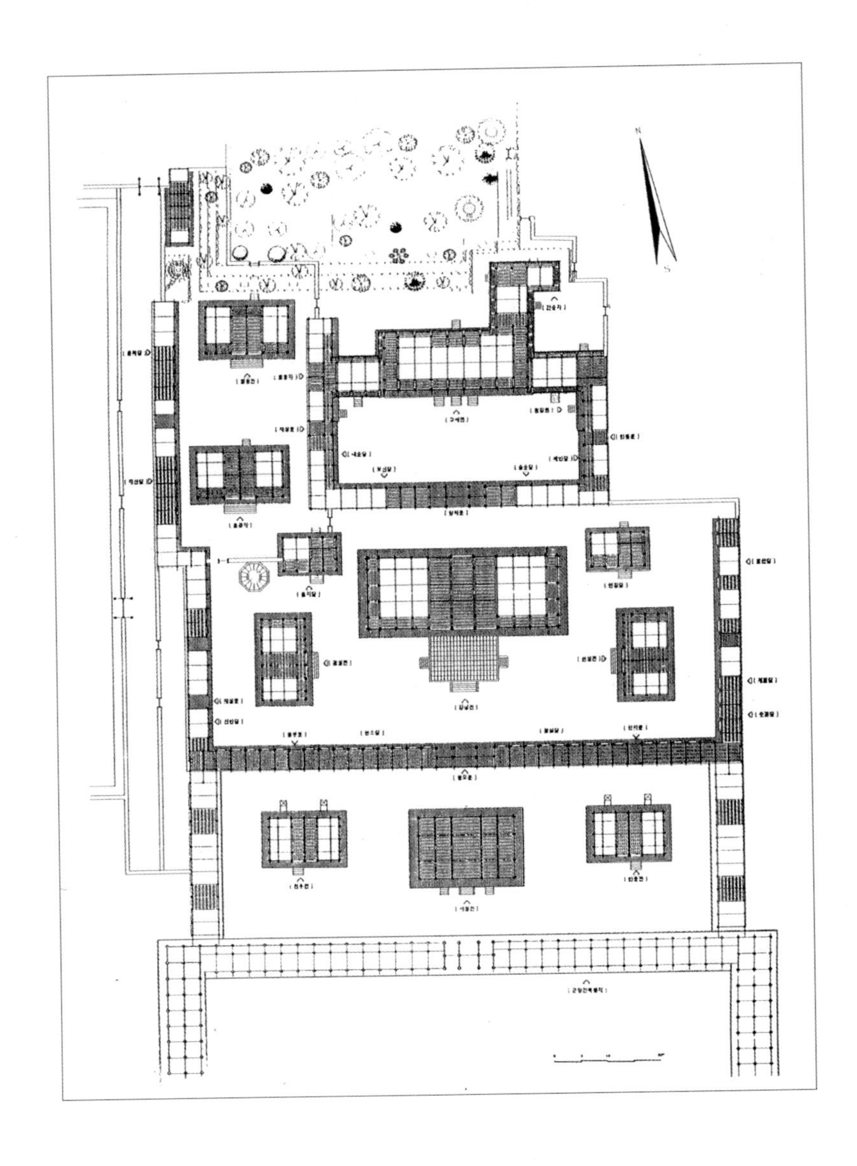

경복궁 침전터 발굴 조사 지역 현황도(『경복궁 침전지역 발굴조사 보고서』)

침전 지역에서 발굴된 청자 암막새와 수막새 (『경복궁 침전지역 발굴조사 보고서』)

적으로 입증할 수 있기에 더욱 중요하다. 치밀한 발굴 조사와 이를 토대로 한 연구가 진행된 다음 복원을 시도해도 늦지 않을 것이다. 총독부 청사를 철거하는 일이 시급하였다고 해서 건물의 복원마저 이렇게 성급하게 진행해야 하는지 재고할 필요가 있다.

침전 지역은 이미 복원된 건물이 관람객을 맞이하고 있다. 복원에 필요한 기초 자료를 제공하고 기록으로만 남은 유구(遺構)는 복원 공사 과정에서 모두 파괴되고 말았다.[63] 발굴로 확인된 1888년의 유구를 실측 조사하여 기본단위척 한 자가 30.75센티미터임을 밝혔는데 이는 현존하는 근정전, 사정전, 자경전, 경회루 등의 기본단위척과도 일치하는 것이다.

건물의 기초에 사용된 석재는 모두 화강석으로 주춧돌 하부의 적심석(積心石)은 2, 3개의 장대석을 옆으로 붙여 한 단을 만들고 그 위에 다시 한 단을 직교하도록 쌓는 축조 방법, 장대석적심(長臺石積心)을 사용하여 선대(先代) 유구의 적심과 뚜렷하게 구별되었다. 곧 임진왜란 이전 조선 전기에 사용된 적심은 잡석을 동심원상으로 둥굴게 까는 원형잡석적심(圓形雜石積心)이었음이 확인되었다. 이 밖에도 건물 기초 터파기 방식, 온돌 관련 시설인 개자리, 연도와 굴뚝, 배수 시설에 대한 체계적인 파악이 이루어져 이를 토대로 침전 일곽 건물의 복원 계획이 수립되었음은 물론이다.

한편 경복궁의 기본 좌향이 기록에는 계좌정향(癸坐丁向, 동으로 15도 기운 방위)이나, 실제로는 근정전 북행각의 축선, 발굴 조사 때 확인된 고종 대 유구의 축선과 선대 유구의 축선이 다 같이 동으로 10도 기운 방위를 채택하고 있다는 사실도 확인되었다.

선대 유구 가운데 조선 전기 건물의 실상을 알려 줄 자료는 강녕전터, 연생전터, 경성전터, 교태전터, 함원전터, 흠경각터 등에서 확인되었다. 강녕전터에서는 평면 형식, 기둥 간격과 칸수 등을 달리하는 세 가지 유구가 확인되었으며 건물 앞쪽에 설치된 월대는 두 가지, 회랑은 세 가지가 확인되었다.

고종 때 중건된 강녕전의 규모가 11칸×5칸인 데 반하여 선대 유구 가운데 가장 늦은 시기의 강녕전은 10칸×4칸이었다. 이보다 이른 시기의 유구는 7칸×4칸 규모였고 가장 빠른 시기의 건물은 3칸×2칸이었다.

가장 빠른 시기의 강녕전 가까이에 있는 연생전과 경성전터는 형태와 크기가 같은데 현재 강녕전 남행각 밑에 유구 일부가 묻혀 있어서 고종 때 중건된 건물터보다 훨씬 남쪽에 있었음을 알 수 있다. 교태전의 유구도 두 가지가 확인되었는데 복원이 가능한 유구는 7칸×3칸 규모로, 고종 때 중건된 교태전보다 약간 북쪽으로 치우친 곳에 있었다. 그러나 중심축이 고종 때 중건된 강녕전이나 교태전의 중심축과 달라

연생전의 유구(『경복궁 침전지역 발굴조사 보고서』)

강녕전 월대의 기초 유구 노출 모습(『경복궁 침전지역 발굴조사 보고서』)

고려시대의 유구일 가능성도 있다.

함원전의 유구도 두 번의 변화를 나타내는데, 평면 형태나 주칸을 복원할 수 있는 것은 늦은 시기의 유구로서 4칸×4칸 규모의 건물이다. 그 위치도 고종 때 중건된 아미산의 석계(石階)와 90센티미터밖에 떨어져 있지 않아서 아미산이 고종 때 중건되면서 남쪽으로 확장되었음을 알 수 있다. 한편 고종 때 중건된 함원전은 6칸×4칸이다. 흠경각터에서는 선대 유구인 원형잡석적심이 일부 확인되기는 하였으나 조선 전기의 흠경각터로 단정하기에는 유구가 너무 부족하여 복원 평면을 그려볼 수 없다.

이들 선대 유구를 조사하여 의미 있는 연구 결과를 끌어내려면 보다 철저한 발굴 조사가 이루어져야 하며, 건물 복원에 집착하여 선대의 유구를 새로 지은 건물 하부에 묻는 일은 당분간은 중지되어야 한다. 조선 전기 경복궁의 유구나 고려시대 남경 행궁(行宮)의 유구가 발굴된다면, 경복궁 복원에 그치지 않고 보다 더 중요한 자료를 후손에게 물려 줄 수 있을 것이다. 문화재를 통한 올바른 역사 해석의 가능성을 열어 두자는 말이다.

경복궁의 건축

경복궁의 배치 형식에는 태극도설이나 천문도가 응용되었다. 여기에는 제왕의 위상을 만물이나 천체의 중심에 비유하여 천지운행의 질서에 걸맞는 왕도 정치(王道政治)를 유도하려는 유교의 천명관적(天命觀的) 정치사상이 반영되어 있다. 이것은 조선왕조를 오랫동안 지속시킨 하나의 원동력이었으며 현실 정치의 잘잘못을 평가하는 기준이기도 하였다.

경복궁에는 이렇게 원대한 사상을 준거틀로 하여 설정된 배치 형식 위에 모든 건물이 질서정연하게 자리잡았다. 그러나 뜻이 크다고 건물을 장엄하고 화려하게만 짓지는 않았다. 유교에서는 제왕이 흙과 띠풀로 빚어 만든 검소 질박한 집에 거처하는 것이 백성을 위한 정치의 기초라고 여겼다.

침전이라 하더라도 지나치게 화려하게 꾸밀 경우 언관(言官)들의 빗발치는 상소가 잇따랐다. 그래서인지 현존하는 궁전 건물은 같은 시기의 불교 사원보다 장식이나 화려함이 뒤진다. 다만 기하학적 질서 속에 배치된 채 절제된 채색, 단정한 외관, 장엄한 형태, 질 좋은 목재 등으로 예술적 가치를 표출한다.

고종조 중건 경복궁의 각 영역

경복궁은 '전조 후침(前朝後寢)' 이나 '삼문 삼조' 와 같은 제도적 틀을 반영하여 설계되었기 때문에 영역별 구분도 이에 근거한다. 국가 정사를 처리하는 공적인 장소로서의 조정은 외조와 치조로 이루어지는데, 외조에 속하는 궐내 각사는 경복궁에서는 근정전 서쪽, 경회루 남쪽에 집중되어 있다. 그리고 치조는 정전, 편전 등 궁궐 핵심부와 경회루로 구성되어 있다. 외조와 치조를 합친 영역은 궁궐의 전반부를 차지하며 후반부의 침전 영역에 대하여 전조(前朝)라고 부를 수 있다. 세자 일가의 거처인 동궁은 왕궁의 축소판과 같은 기능을 고루 갖추고 있게 마련인데 여기서는 치조에 포함시켰다.

왕실 일가의 생활 장소인 침전 구역은 치조의 배후에 위치하여 제도상 연조(燕朝)라고 불리며 왕, 왕비, 대비의 거처인 침전과 후궁, 왕자, 공주의 거처를 둘러싼 수많은 서비스 시설로 이루어졌다. 경복궁에서는 왕의 침전과 왕비의 침전과 침전 후원(아미산)을 정전과 편전의 중심축에 맞추고 대비전을 병렬하였다. 그 옆으로 동궁의 북쪽에서 선원전 남쪽까지는 제반 서비스 시설을 집중시켰다. 이렇듯 전통적인 궁실 제도를 반영하면서 중심부 외곽에 궐내 정치 생활을 보좌하는 시설을 배치한 경복궁의 영역을 세분하여 살펴보자.

치 조

정전 일곽

넓고 높은 2중 기단 위에 세워진 정전인 근정전을 중심으로 사방에 폭이 2칸인 행각과 월랑을 두르고 남북 중심축 선상 남쪽에는 2층의 근

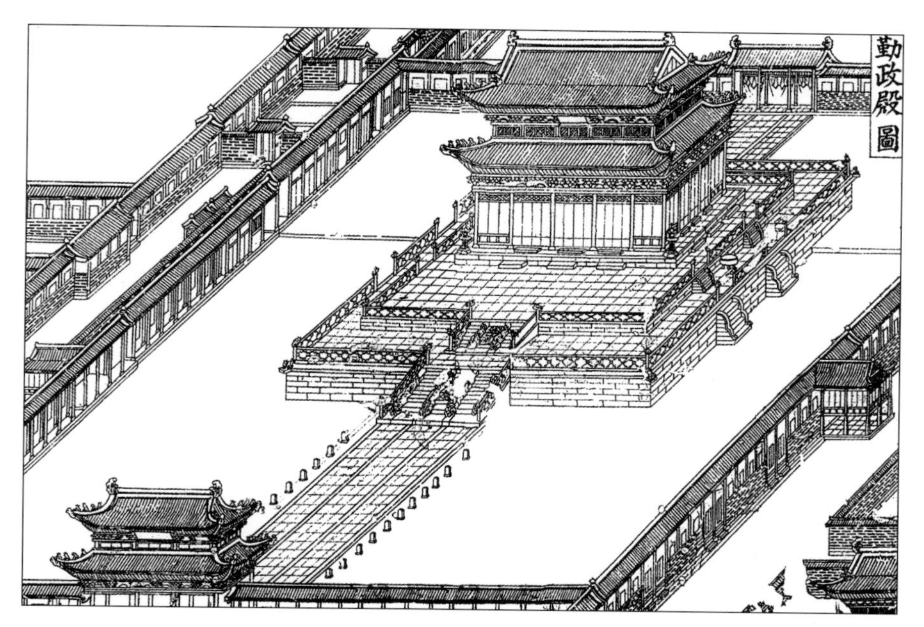

근정전도 넓고 높은 2중 기단 위에 세워진 근정전 즉 정전을 중심으로 사방에 폭이 2칸인 행각과 월랑을 두르고 남북 중심축 선상 남쪽에는 2층의 근정문, 북쪽에는 솟을대문 형식의 사정문을 배치하였다. 『진찬의궤』, 1868년.

정문, 북쪽에는 솟을대문 형식의 사정문을 배치하였다. 동행각(東行閣)과 서행각의 중간에는 마주보는 위치에 대칭으로 융문루와 융무루를 두어 문무 겸비의 조정을 상징하였다. 동서 행각에는 여러 관청과 창고가 자리잡고 있었는데, 일제 때 지금처럼 복랑(複廊) 형태로 개조되어 전국 각지에서 강제로 이송한 중요 유물들을 진열하는 화랑(畵廊)으로 사용되었다. 남행각은 월랑(月廊)이라 불리는 복도로 중앙 어도를 피하여 정전으로 접근하는 통로 구실을 하였다. 근정문 남쪽에는 홍례문의 월랑과 좌우 행각이 중정을 형성하고 있으며 그 가운데 물길을 끌어들여 영제교를 놓았다.

근정문 고종 4년에 중건한 것으로 근정전 일곽과 행각 중앙에 중문(重門)으로 높이 솟아 있다. 정면에서 보면 3칸인데 아래층에는 큼직한 문짝을 달아 여닫게 하고, 위층은 사방에 널문을 달아 여닫을 수 있는 시설을 하였다.

근정문 안쪽 공포와 천장(위)
근정문 목조 계단의 난간(아래)

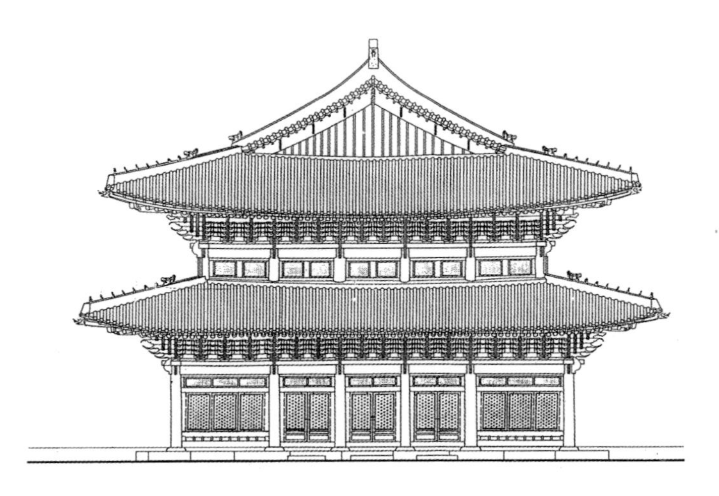

근정전 측면도

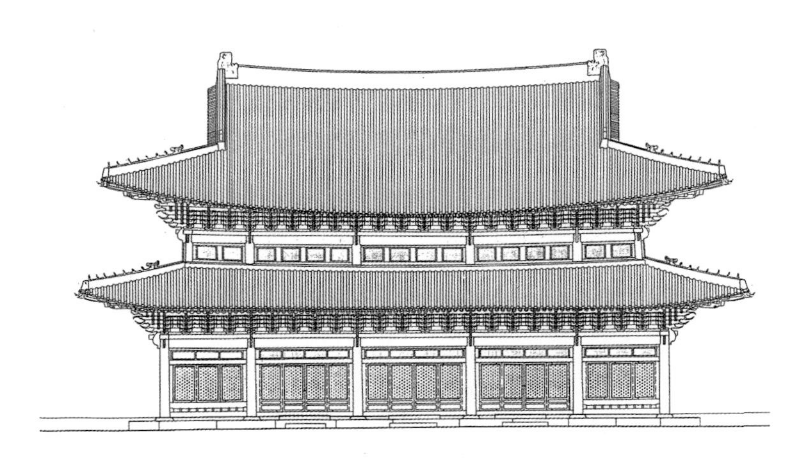

근정전 정면도

근정전 근정전의 기단에는 계단이 4면에 고루 갖추어져 있으며 상하 기단 가에는 석제 난간과 난간을 지탱하는 십이지 동물 조각과 해태, 용 등이 새겨진 돌기둥이 있어 정전에 위엄을 더한다.

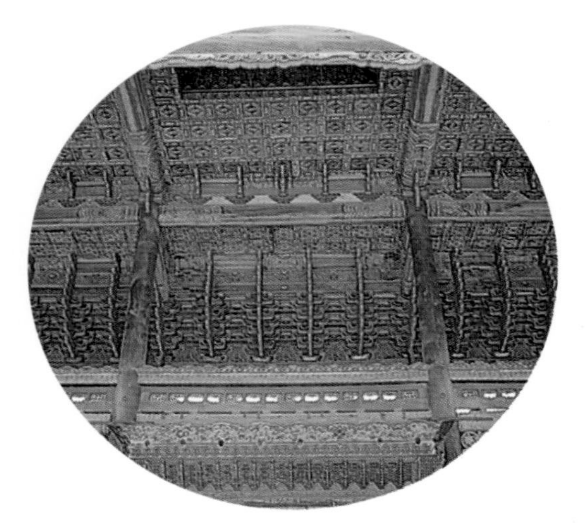

근정전 내부 밖에서 보면 중층(重層)이지만 안에서 보면 훤하게 트여 있다. 네모난 전돌을 깐 바닥에서 소란반자한 천장(왼쪽)까지 모두 임금의 위엄을 과시하기 위해 꾸민 것이다. 임금의 어좌(御座)를 돋보이게 하기 위하여 중층의 전각을 지었고 일월 병풍을 두르는 등 온갖 장려함을 써서 권위 있게 꾸몄다. (아래)

근정전 남행각 중앙 어도를 피하여 정전으로 접근하는 통로 구실을 하였다. (위)

근정전 동행각 일제 때 복랑 형태로 개조된 모습이다. (오른쪽)

근정전 월대 섬돌 월대의 남쪽 중앙 상하에 각각 섬돌을 설치하고 소맷돌을 해태가 허리를 펴고 길게 엎드린 듯한 형상으로 조각하였다. (위, 아래)

월대의 십이지 동물 조각 십이지상은 전통적으로 통일신라 이래 왕릉의 호석에 새겨져 수호의 상징으로 쓰였는데 궁궐에서는 유일하게 경복궁 정전에서 사용되었다.

북행각은 정전 쪽으로는 벽과 창을 내보이고 있고 편전 쪽으로 출입구를 낸 창고로 사용되었다. 한편 근정전의 기단에는 계단이 4면에 고루 갖추어져 있으며 상하 기단 가에는 석제 난간과 난간을 지탱하는 십이지 동물 조각과 해태, 용 등이 새겨진 돌기둥이 있어 정전에 위엄을 더한다. 십이지상은 전통적으로 통일신라 이래 왕릉의 호석에 새겨져 수호의 상징으로 쓰였는데 궁궐에서는 유일하게 경복궁 정전에서 사용되었다.

사정문으로 들여다 본 사정전 근정전 북쪽에 행각이 있고 그 중앙에 사정문이 열렸다. 임금이 근정전에서 조하받을 때 드나들던 문으로 삼문을 내었다.

천추전 처마 단청

편전 일곽

중심 편전인 사정전(思政殿)의 좌우에 보조 편전인 만춘전(萬春殿)과 천추전(千秋殿)이 대칭으로 나란히 섰다. 그리고 둘레에 행각을 빙 둘러 국정을 논의하는 엄숙한 장소를 위한 중정을 마련하였다. 남행각은 내탕고(內帑庫)로서 서쪽부터 각 칸마다 『천자문』의 순서에 따라 '천자고(天字庫)', '지자고(地字庫)' 등으로 이름표를 달았다. 북행각은 왕의 침전인 강녕전의 남행각이기도 한데, 중앙에 솟을대문 형식의 향오문을 내서 침전으로 출입할 수 있게 하였다. 또 서행각과 수정전(옛 집현전) 사이에 복도를 설치하여 왕의 출입을 배려하였다.

한편 만춘전과 천추전은 창건 당시에는 없다가, 세종 연간에 만들어져 사정전 동서 행각 외부에서 사정전을 보좌하였는데, 고종 때 중건하면서 지금과 같이 사정전 좌우로 병치하였다. 사정전 내부는 모두 마루를 깔았으나, 좌우의 소침에는 온돌방을 두어 추운 계절에 쓸 수 있게

사정전　중심 편전인 사정전의 좌우에 보조 편전인 만춘전과 천추전이 대칭으로 나란히 섰고 둘레에 행각을 빙 둘러 국정을 논의하는 엄숙한 장소를 위한 중정을 마련하였다(위). 사정전은 어전회의를 하는 곳이어서 수묵과 채색을 써서 두 마리의 용을 그렸다. (왼쪽)

만춘전 만춘전과 천추전은 창건 당시에는 없다가, 세종 연간에 만들어져 사정전 동서 행각 외부에서 사정전을 보좌하였는데, 고종 때 중건하면서 지금과 같이 사정전 좌우로 병치하였다.

편의를 제공하였다. 현재의 만춘전은 1950년 한국전쟁 때 소실된 것을 1980년대에 정부에서 복원한 건물이다.

경회루 일곽

가로가 세로보다 조금 긴 직사각형의 연못에 동쪽에는 넓다란 직사각형 대(臺)를 쌓아 2층 누각을 세우고, 서쪽에는 앞뒤로 직사각형 섬 두 개를 배치하였다. 못 둘레에는 낮은 담장을 두르고 동쪽 담장에 세 개의 일각문을 내어 누대(樓臺)로 건너가는 다리로 통하도록 동선을 계획하였다.

못의 크기는 근정전의 중정과 거의 같아서 경복궁 서쪽을 앞뒤로 양분하며 그 중심에 자리잡고 있다. 곧 경회루 남쪽에는 외조에 속하는 궐내 각사가, 북쪽에는 빈전과 혼전 구역이 자리잡고 있다. 나아가서 경회루의 동서 중심축은 교태전의 남행각을 지나면서 궁궐 전체를 남북으로 정확하게 양분하는 기준이 된다. 그런데 영지(靈池)와 영대(靈臺)를 궁궐 내에 건설하는 것은 동아시아의 오랜 전통이며 우리나라 궁궐 건축사에서도 늘 시도되어 왔던 것이다. 신라 동궁의 안압지, 창덕궁의 주합루와 부용지도 같은 예에 속한다.

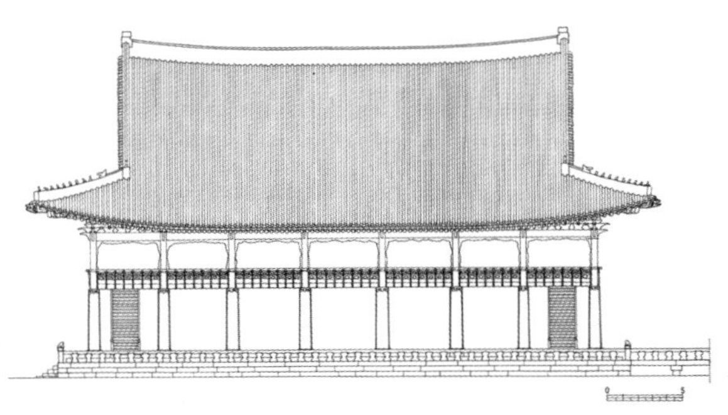

경회루 정면도

경회루 전경 가로가 세로보다 조금 긴 직사각형의 연못에 동쪽에는 넓다란 직사각형 대를 쌓아 2층 누각을 세우고, 서쪽에는 앞뒤로 직사각형 섬 2개를 배치하였다.

慶會樓

경회루 2층 내부 천장

경회루 2층 내부 천장

경회루 아래층 돌기둥 맨 바깥 둘레 기둥은 사각기둥이고, 내부의 모든 기둥은 원기둥인데 기둥 뿌리가 기둥 윗몸보다 훨씬 굵어서 장대하고 육중한 건물을 지탱하기에 적합한 것처럼 보인다.

경회루 돌난간 하엽동자기둥에 돌란대를 얹고 엄지기둥에 불가사리와 용 등의 법수를 세운 형식이다.

동궁 일곽

동궁은 왕위 계승권자인 세자의 궁전을 가리키는 말로서 세자에 대한 경칭으로도 쓰인다. 동궁은 세자를 제왕으로 키우기에 적합한 환경을 모두 갖추도록 설계되었으니 세자와 세자빈의 처소, 세자궁에 딸린 내관(內官)들의 처소, 세자가 신하들로부터 조하(朝賀)를 받는 곳이다. 또 세자가 스승을 모시고 서연(書筵)이나 시강(侍講) 등의 강학(講學)을 받으며 세자를 위한 책고(冊庫)와 세자를 호위하는 곳 등이다. 이러한 시설은 각각 정궁의 연조, 치조, 외조에 해당하는 것으로 고종 때 중건된 경복궁에도 이러한 시설이 두루 갖추어져 있다.[64)]

그러나 조선의 역사를 더듬어 보면 동궁의 시설은 일정하지 않았던 것 같다. 곧 경복궁 창건 당시에는 동궁이 없었으며, 창건 직후에 태조가 여덟째아들 방석을 세자로 삼았을 때에도 동궁이라 부를 만한 건물을 따로 지었다는 기록은 없다. 그러나 이미 태조 1년(1392) 7월 관제(官制)를 새로 제정할 때에 세자 관속(世子官屬)을 두어 강학과 시위(侍衛) 등의 일을 맡게 한 사실, 태종 18년(1418) 6월에 세자익위사(世子翊衛司)를 따로 설치하여 세자 관속을 세자시강원과 세자익위사로 분설한 사실 등으로 보면 이미 동궁이 건립되었던 것이 분명하다.

이후 왕자의 난, 정종(定宗, 재위 기간 1398~1400년)의 개경 천도(1399년), 태종 5년(1405)의 한성 환도 등의 정치적 격변을 겪은 뒤에야 비로소 세자 책봉이 이루어지고 이에 따른 동궁 시설이 필요하였다. 그러나 기록으로는 경복궁에 동궁이 처음 마련된 것이 세종 9년(1427)이다.[65] 세종은 재위 기간 대부분을 경복궁에서 보내면서 법궁 체재를 완비하였으며 이런 과정에서 동궁을 제도화할 필요를 절감하고 왕 9년에 경복궁 정전의 동쪽 넓은 자리에 서연(書筵)과 시강(侍講)을 받는 장소인 자선당을 창건하였다.[66] 또 세종 25년(1443) 5월 12일에는 세자가 백관의 조회(朝會)를 받을 장소로 계조당(繼照堂)을 창건하여 이때부터 내당(內堂)인 자선당과 정당(正堂)인 계조당으로 구성되었다. 그런데 계조당은 세종이 신하들의 반대를 무릅쓰고 세자에게 섭정을 시키기 위하여 1442년 첨사원(섭정 보좌기관)까지 설치한 뒤에 창건한 시설이었기 때문에 동궁에 필요한 시설이 아니라 섭정이라는 특수한 상황에 필요한 시설이었다.[67]

단종 즉위년 6월에 문종의 유지를 받들어 계조당과 승화당을 헌 것은 섭정이 필요 없어졌기 때문이었다. 이후 세조 7년(1461) 11월에는 수리도감(修理都監)을 설치하여 경복궁을 크게 개수하면서 세조 8년 12월에는 무슨 까닭인지 동궁의 자리를 옮겨 궁성 서북쪽 간의대 남쪽에 새로 지었고, 성종 17년(1486)에는 창덕궁 안에 동궁을 창건하였다고 한다.[68]

복원 공사중인 동궁 동궁은 세자를 제왕으로 키우기에 적합한 환경을 모두 갖추도록 설계되었으니 세자와 세자빈의 처소, 세자궁에 딸린 내관들의 처소, 세자가 신하들로부터 조하를 받는 곳으로 구성되어 있다.

이런 가운데 중종 38년(1543) 1월 7일에 발생한 화재로 자선당 일대가 불타 버린다. 이후 동궁 재건을 위한 '동궁수리도감(東宮修理都監)'이 설치되어 재목과 기와까지 마련하였으나 명종 5년 이후에 인수궁 건립과 종묘 보수에 사용되었다. 그 뒤 명종 8년(1553)에 큰불로 소실된 경복궁 대내를 다음해에 중건할 때 동궁도 함께 중건하였다. 이때 중건된 동궁은 자선당뿐인 듯 당시 대제학이었던 퇴계 이황이 지은 「자선당상량문」이 『궁궐지』 「경복궁」 편에 실려 전한다.

이 상량문을 통해 당시 유신(儒臣)들이 바라던 제왕 교육의 이상을 엿볼 수 있다.

태양의 밝음은 태양만이 계승할 수 있어 반드시 동궁에서 미리 길러야

하고…(중략)… 이곳에서 장남이 태어나 웅비의 상서를 나타냈으며 어려서부터 바르게 가르치니 남다른 자질이 빼어났다. 전후 좌우에 함께 지내는 사람들은 모두 효인 예의(孝仁禮義)를 밝혀 인도하여 우(禹), 탕(湯)과 문(文), 무(武)의 도를 다하였다. 매일 세 번 문안드리고 음식을 살피는 직분을 다하였고 순일한 덕을 스승으로 삼아 간사하거나 괴이한 데에 미혹되지 않았다. 그리고 이곳은 일을 하거나 편안히 쉬는 데 가장 알맞고 학자들을 맞이하여 강독하는 장소가 되게 하였다. 지지의성(知知意誠)의 학문을 하니 몸이 닦여지고 집이 다스려질 것이며, 덕이 이루어지고 가르침이 높이 받들어지니 자연히 관청이 바르고 나라가 잘 다스려질 것이다. 그러나 예로부터 타고난 품성은 믿기 어렵기에 성인으로서 묻기를 좋아하고 서로 부족한 것을 도왔다. …(중략)…왕도(王道)란 본래 보이지 않는 곳에서도 삼가는 데서 이루어지는 것이니, 현인을 높이고 덕 있는 이를 벗삼는다는 말이 참으로 거짓이 아니다. …(중략)…선대를 선양하고 종묘를 계승함은 실로 태자에게 달렸고 종묘의 제사를 주관하는 것도 태자에게 달려 있으니, 천명을 부여받아 크나큰 아름다움이 끝없이 이어지게 하소서.

그런데 조선 후기에는 창덕·창경궁〔東闕〕과 경희궁〔西闕〕에 모두 동궁을 설치하면서 내당뿐 아니라 정당도 갖추어 지었다. 곧 동궐 내 동궁의 내당은 중희당(重熙堂), 정당은 시민당(時敏堂)이었으며 서궐 내 동궁의 내당은 집희당(緝禧堂), 정당은 경현당(景賢堂)이었다. 고종 때 경복궁을 중건하면서 계조당까지 중건한 것은 조선 후기 동궁 제도와 세종 때 처음으로 정립된 제도를 계승한 것이기도 하다.

한편 고종 중건 당시 자선당 오른쪽 옆에 나란히 지은 비현각은 그 유래가 세조 때의 비현합에 있는 듯한데, 고종 때에는 새롭게 자선당에 딸린 시설로 중건되었다. 비현각의 출입문인 구현문(求賢門, 현인을 구한다는 것은 바로 어진 신하로부터 가르침을 구한다는 뜻), 이모문(貽謨門, 이모는 조상이 자손에게 끼친 계책이란 뜻) 등의 이름과 남동쪽 행각에 낸 이극문(貳極門, 이극은 세자를 가리킴)이 비현각과 자선당 일곽으로 드나드는 출입문인 데서도 알 수 있다.

한편 고종 때 중건된 동궁 일곽은 북으로는 편전 우측의 자선당에서 남으로는 동십자각 이북의 춘방과 계방에 이르기까지 넓은 지역을 차지하고 있어서 중건 계획에서 아주 중요시되었음을 알 수 있다.[69] 곧 자선당과 비현각 일곽(세자와 세자빈 일가의 처소), 장방과 소주방 그리고 별감방 일곽(세자궁에 딸린 내관들의 처소), 계조당 일곽(세자가 신하들로부터 조하를 받는 곳), 동남쪽 궁장 옆 춘방과 계방 일곽(세자가 스승을 모시고 서연이나 시강 등의 강학을 받는 세자 시강원과 세자를 호위하는 세자익위사), 춘방 책고와 별군직청 일곽(세자를 위한 책고) 등이 그것이다. 이러한 시설은 각각 정궁의 연조, 치조, 외조에 해당하는 것으로 해석되기도 한다.

연 조

침전 일곽

왕의 침전과 왕비의 침전을 따로 만들어 남북축 선상에 앞뒤로 배치하였다.[70] 왕의 침전은 대침(大寢)인 강녕전(康寧殿)과 소침(小寢)인 연생전(延生殿), 경성전(慶成殿), 연길당(延吉堂), 응지당(膺祉堂) 등 다섯 채로 구성되어 있다. 이 가운데 연생전과 경성전은 강녕전의 앞쪽에 동서 대칭으로, 건물의 전면이 동서쪽으로 마주보도록 배치되었다. 이와 달리 연길당과 응지당은 남향한 채 강녕전 배후 좌우에 대칭으로 배치되었는데, 두 건물의 앞퇴칸은 강녕전의 뒤퇴칸과 복도로 연결되

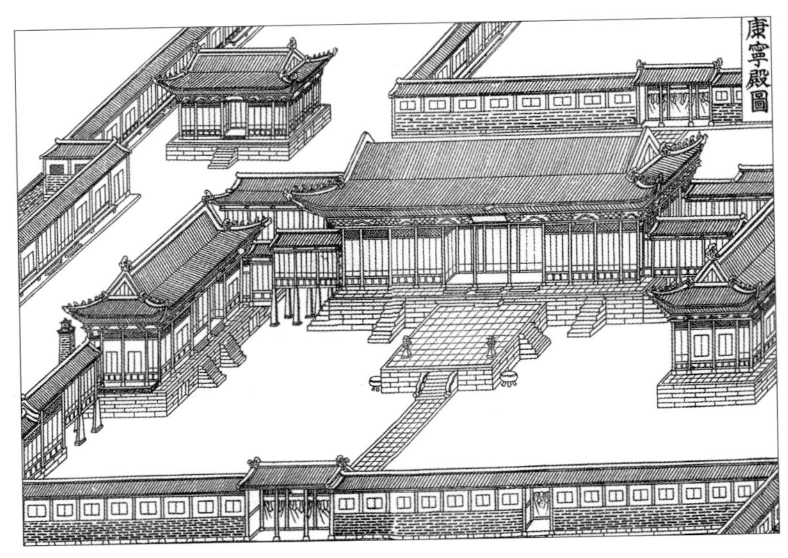

강녕전도 왕의 침전과 왕비의 침전을 따로 만들어 남북축 선상에 앞뒤로 배치하였다. 건물의 전면이 동서쪽으로 마주보도록 배치되었다. 『진찬의궤』, 1897년.

었다. 그런데 「강녕전진찬도(康寧殿進饌圖)」(1867년)나 『진찬의궤(進饌儀軌)』(1897년)의 「강녕전도」에 의하면 연생전과 경성전의 뒤퇴칸도 강녕전의 앞퇴칸과 복도로 연결되어 있었음을 알 수 있다.

왕침(王寢)의 중정은 강녕전 앞 월대를 중심으로 네 채의 소침이 둘러싸는 한편 남행각, 동행각, 서행각으로 둘러싸여 있다. 북쪽은 강녕전 뒤는 교태전의 남행각으로, 연길당 뒤는 인지당(麟趾堂)의 남행각으로 둘러싸여 있다. 여기서 흠경각으로 통하는 출입문을 응지당 앞퇴칸에 붙인 것으로 보아 흠경각이 지극히 내밀한 위치에 세워졌음을 알 수 있다. 왕의 침전은 대침, 대전 등으로도 부르며 이를 모시는 환관들의 거처를 대전장방(大殿長房)이라고 한다. 창건 초기에는 연생전과 경성전만이 강녕전을 보좌하는 삼전(三殿) 형식이었으나 고종 때에 와서 연길당과 응지당이 추가되어 오전(五殿) 형식으로 변모하였다. 그

강녕전 내부 대청의 천장(『조선고적도보』)

강녕전 내부 대청(『조선고적도보』)

리하여 천문의 오제좌를 상징하기도 하고, 우주 만물의 기본 구성 요소인 오행을 뜻하게도 되었다.

왕비의 침전인 교태전 앞에는 앞퇴칸 좌우에 이어 지은 곁채〔翼閣〕와 동행각, 서행각과 남행각으로 둘러싸인 비교적 작은 중정이 있다. 정전과 편전이 접속된 부분에서 폭을 감소시킨 동서 행각은 다시 강녕전 일곽과 교태전 일곽이 접속된 부분에서 폭이 크게 감소되어 있다. 이러한 행각 폭의 감소는 각 영역의 중정 크기에도 반영되어, 공적인 정치 활동이 이루어지는 영역과 왕실의 사적인 거주 지역을 적절하게 나눈다.

강녕전터 왕침의 중정은 강녕전 앞 월대를 중심으로 네 채의 소침이 둘러싸는 한편 남행각, 동행각, 서행각으로 둘러싸여 있다.

교태전 후방에는 경회루터에서 파낸 흙을 쌓아 만든 가산(假山), 곧 아미산이 있는데 자연의 풍요로움을 제공하도록 설계되었다.

왕비의 침전은 중전 혹은 중궁전이라 불리는데 왕위를 계승할 왕자가 잉태되는 산실이기에 왕조 사회의 근본을 출발시키는 장소라 하여 교태나 양의 등의 이름을 붙였다. 한편 교태전 바로 서편에 지어진 함원전은 교태전을 보좌하는 소침전으로 보인다. 침전 구역은 1차 복원 계획의 대상으로 이미 준공되어 1996년부터 일반에게 공개되고 있다.

아미산 굴뚝 교태전 후방에는 경회루터에서 파낸 흙을 쌓아 만든 가산, 곧 아미산이 있는데 자연의 풍요로움을 제공하도록 설계되었다.

자전 일곽

자전은 왕의 모친이자 선왕(先王)의 비(妃)로 선왕 사후에 대비가 된 사람을 가리키는 한편 대비의 처소 곧 대비전을 가리키기도 한다. 경복궁 중건을 시작한 1865년에는 대왕대비인 익종비 신정왕후(神貞王后, 1808~1890년), 왕대비인 헌종 계비 효정왕후(孝定王后, 1831~1903년), 대비인 철종비 철인왕후(哲仁王后, 1837~1878년) 등 세 분의 대비가 생존해 있었다.

자경전 자전은 왕의 모친이자 선왕의 비로 선왕 사후에 대비가 된 사람을 가리키는 한편 대비의 처소 곧 대비전을 가리키기도 한다. 옆면은 자경전 전경, 위는 내부의 부분이다.

만경전도 자경전 뒤편 깊숙이 자리잡은 만경전도 후궁 일곽에서는 만화당과 함께 가장 규모가 큰 건물로 넓이가 36칸이고 '전'인 점으로 보아 대비전으로 헌종 계비 효정왕후의 거처였으리라 짐작된다. 『진찬의궤』, 1887년. (오른쪽)

자경전 꽃담 자경전의 서쪽 담은 주황색의 벽돌로 축조한 꽃담이다. 외벽에 매화 난초, 천도, 모란, 국화, 대나무, 나비, 연꽃 등을 색깔이 든 벽돌로 구워 배치하였다.

이들 가운데 대왕대비〔속칭 趙大妃〕가 경복궁 자경전에 머무르며 1866년까지 수렴청정을 한 사실은 유명하다.[71] 조대비는 1890년에 아미산 뒤쪽의 한 내전인 흥복전에서 승하하였으므로 흥복전도 자전으로 짐작할 수 있다.

또 자경전 뒤편 깊숙이 자리잡은 만경전도 후궁 일곽에서는 만화당과 함께 가장 규모가 큰 건물로 넓이가 36칸이고 '전(殿)'인 점으로 보아 대비전으로 헌종 계비 효정왕후의 거처였으리라 짐작된다. 만경전 오른편의 건복합(建福閤)과 뒤편의 만화당, 통화당(通和堂) 등은 만경전을 보좌하는 건물인 듯하다.

대비의 거처는 '동조(東朝)'라고도 불리는데, 『주례고공기』의 삼조

자경전 서쪽 담 무늬판 왕실의 최고 여자 어른인 대비의 처소이므로 정성껏 치장을 한 흔적을 담장에서도 볼 수 있다.

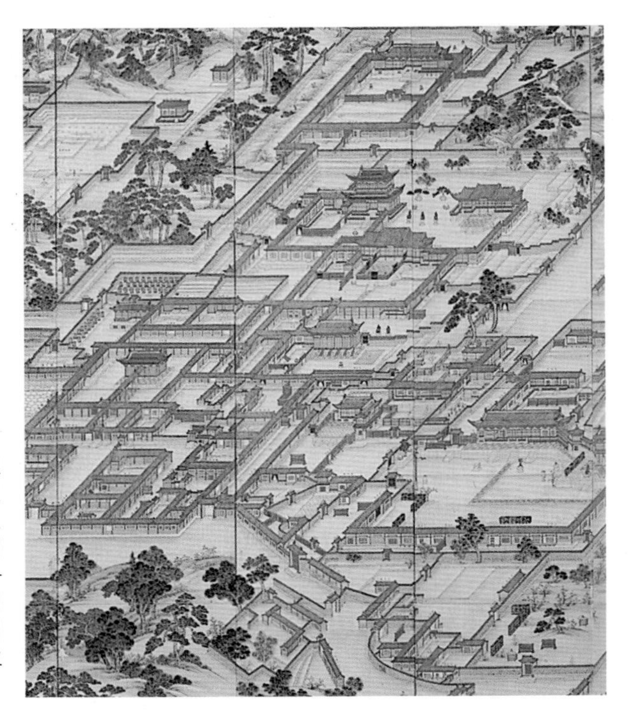

동궐도 1830년대의 화재로 소실되기 직전의 궁궐 전체를 한눈에 내려다볼 수 있도록 그린 것으로 창덕궁 인정전 일곽이다. 고려대학교 박물관 소장.

(三朝)가 왕을 중심으로 한 궁궐의 기본 형식 구조임에 대하여 그 동쪽에 왕실의 최고 어른인 대비의 거처를 따로 마련한 데서 생겨난 듯하다. 자경전이 왕의 침전과 왕비의 침전 동쪽에 자리잡은 것, 성종 때 세 대비를 위하여 창경궁을 창덕궁의 동쪽에 따로 마련한 것에서도 알 수 있다. 그러나 대비의 거처가 반드시 궐내 동쪽에 있었던 것만은 아니다. 현종 때에는 창덕궁에 만수전(萬壽殿)과 집상전(集祥殿)을 인정전의 서쪽과 동쪽에 각각 건립하였는데 이는 장락궁(長樂宮, 長信宮)을 참조한 중국 한나라의 제도를 따른 것이다.

한편 왕위의 계승이 선위(禪位) 형식으로 이루어지면 선왕은 상왕(上

집경당과 함화당 정궁은 궁궐을 뜻하기도 하지만 좁게는 편전과 왕의 침전이 있는 구역을 가리키는 말로 사용되는 데 대하여, 후궁은 정궁 뒤쪽에 있는 궁전을 가리키거나 왕비의 침전을 제외한 내명부 소속 궁녀들의 생활 영역 전체를 뜻한다.

王)이라고 불리며 정궁 밖에 따로 거처를 마련하였다. 이때 상왕비의 거처가 상왕의 궁전에 있게 됨은 물론이다.

후궁 일곽

정궁은 궁궐을 뜻하기도 하지만 좁게는 궁궐 내에서 편전과 왕의 침전이 있는 구역을 가리키는 말로 사용되는 데 대하여, 후궁은 정궁 뒤쪽에 있는 궁전을 가리킨다. 왕비의 침전은 왕의 침전 뒤편에 따로 지어지면(경복궁, 경희궁) 후궁에 소속되나 왕과 왕비의 침실을 한 건물에 두면(창덕궁 대조전) 정궁으로 본다. 그러나 일반적으로 후궁은 왕비의 침전을 제외한 내명부 소속 궁녀들의 생활 영역 전체를 뜻한다.

한편 궁녀 가운데 왕의 자손을 낳아 후궁 안에서 특별히 독립된 거주 구역을 얻은 사람도 후궁인데 이들은 왕의 침전 후방에 새롭게 거처를 마련하는 것이 상례였다. 중건된 경복궁에서 후궁 지역은 「북궐도형」에서 보면 강녕전, 교태전, 자경전으로 이어지는 침전 구역의 동쪽과 동궁의 북쪽에 해당된다. 이곳은 경복궁 전체에서는 동북쪽에 치우친 장소로 수많은 당우(堂宇)가 집중되어 있다. 자경전 동쪽과 남쪽에는 집희당(集禧堂), 춘소당(春昭堂, 침방), 취운당(翠雲堂, 수방), 응향당(凝香堂), 벽하당(碧霞堂), 예춘당(禮春堂, 생물방), 임향당(臨香堂), 함정당(含靜堂), 계응당(桂凝堂), 자운당(紫雲堂), 보월당(寶月堂), 복회당(福會堂, 생물방), 난지당(蘭芝堂) 등이 자리잡고 있다. 그리고 자경전 이북에 자리잡은 화락당(和樂堂), 벽혜당(碧蕙堂), 대향당(戴香堂), 정훈당(定薰堂), 건기합(建綺閤), 요광당(瑤光堂), 벽월당(碧月堂), 영보당(永寶堂), 제수합(齊壽閤) 등 수많은 건물은 여러 직능을 맡은 궁녀들의 거처와 일터였다. 그러나 현재는 제수합 한 채만 남아 있다.

세종 31년(1449)에는 교태전을 비롯하여 함원전, 자미당, 인지당, 종회당, 송백당, 청연루 등이 있었는데 모두 왕을 위한 곳이라 동궁의 거처로 사용할 수 없었다고 한다.[72] 이 건물들 가운데 교태전 동쪽에 있었던 인지당은 옛 자리에 중건되었으며,[73] 자미당(紫薇堂)은 인지당 뒤편 자경전의 서쪽에 세워졌다. 전이라 하지 않고 당이라 한 점과 건물의 위치로 보아 인지당은 왕비의 침전을, 자미당은 대비전을 각각 보좌하기 위하여 지은 건물이라 짐작된다. 자미당은 자경전과 복도로 연결되어 있기도 하다. 이런 인지당과 자미당은 1876년에 소실되었다가 1888년에 다시 중건되었는데, 웬일인지 1900년 전후에는 이미 헐린 듯 고종 때의 「궁궐지」와 「북궐도형」에는 '금무(今無)'로 기록되어 있다.[74]

외 조

외조는 궁궐의 정문에서는 가장 가깝지만 연조로부터는 가장 바깥쪽이므로 외조라고 한다. 이곳에는 정치를 보좌하는 관청이 자리잡고 있는데 동궁에 딸린 관청 가운데도 외조에 속하는 것이 있다. 이러한 관청들은 궐내 각사라고 불리며 그 구실에 따라 문직 공서(文職公署), 무직 공서(武職公署), 잡직 공서(雜職公署)로 나뉜다.[75)]

경복궁의 외조는 궁실 제도를 엄격하게 적용하면 광화문과 근정문 사이의 조정이지만 실제로는 근정문과 홍례문 사이를 둘러싼 회랑 안에 내병조(內兵曹), 기별청(奇別廳), 정색(政色), 마색(馬色), 결속색(結束色) 등 병조에 소속된 관청과 배설방(排設房)이 자리잡고 있을 뿐이다. 실제로 다른 관청들은 대개 궁안 서남쪽에 집중되었고 일부는 동남쪽에 있어 경복궁 외조의 영역은 근정전 일곽의 동·서·남쪽에 두루 미치고 있음을 알 수 있다. 더구나 근정전 둘레에는 서행각에 내삼청(內三廳), 예문관(藝文館), 향실(香室)이 있고 동행각에 관광청(觀光廳), 양미고(糧米庫), 서방색(書房色) 등이 배치되어 왕을 지근에서 보좌하고 있다.

먼저 궁궐 서남쪽에는 덕응방(德應房), 연고(輦庫), 전사청(典祀廳), 내구(內廐), 마랑(馬廊) 등 포함하는 궁장 모퉁이의 내사복시를 시작으로 북쪽으로는 일영대를 포함하는 누국(漏局)이 배치되었다. 금천교 건너 북쪽에는 빈청(賓廳), 선전관청(宣傳官廳), 소대청과 당후를 포함하는 승정원, 검서관(檢書廳)을 포함하는 홍문관(弘文館)이 배치되었고 약방으로 의약청(醫藥廳), 감의청(鍼醫廳), 의관방(醫官房)을 포함하는 내의원(內醫院)과 내각으로 소유재, 취규루, 장무관직소 등을 포함하는 규장각(奎章閣) 등이 배치되었다. 또 그 오른편으로는 북에서 남으로 대전장방(大殿長房), 사옹원, 내반원(內班院) 등 왕실

의 살림을 맡아보는 관청이 북에서 남으로 겹겹이 배치되었다.[76)]

이 밖에 궁성 수비와 왕실 호위를 담당한 관청은 기능적으로는 외조에 속하지만 맡은 임무상 궁문 곁에 자리하게 마련인데 경복궁에는 4소와 군영, 위장의 직무처가 문을 중심으로 배치되었다.

궁정 수비와 왕실 호위 관청 배치

직무처	관 청
광화문(남문)	수문장청(守門將廳), 군사방(軍士房), 영군직소(營軍職所), 초관처소(哨官處所)
건춘문(동문)	북쪽에 수문장청, 문앞에 군사방, 남쪽에 훈국군번처소(영군번소) · 초관처소(초관청), 동십자각 안쪽에 동소위장청 · 남소위장청 · 충장위청, 춘방책고 북쪽 별군직청(別軍職廳)
영추문(서문)	영추문 곁에 수문장청, 영추문 남쪽에 초관청 · 훈국군영직소 · 서소위장직소, 영추문 북쪽에 북소위장직소 · 무겸직소 · 국출신직소 · 국별장직소 · 파수간
신무문(북문)	수문장청

한편 궁성 동문에서 북쪽으로 돌아 건청궁 뒤까지, 다시 신무문에서 서쪽으로 돌아 회안전 옆까지는 궁성 안쪽에 한 겹 더 담장을 두르고 그 사이를 순라길로 삼았던 것 같다.

별 전

경복궁 안에는 왕실 제사를 지내는 별전들이 있다. 국상(國喪)이 났을 때 신주(神主)와 혼백(魂魄)을 모시는 빈전〔殯殿, 빈 · 세자 · 세자빈의 빈소는 빈궁(殯宮)〕, 장사를 마치고 나서 종묘에 입향할 때까지 신위를 모시는 혼전〔魂殿, 빈 · 세자 · 세자빈의 경우는 혼궁(魂宮)〕, 이곳에서 거행되는 제사를 지내는 곳 등 국상 관련 시설이 궁성 서북쪽에 마련되었다.[77] 곧 태원전(泰元殿)이 빈전, 문경전(文慶殿)이 혼전, 회안전(會安殿)이 재전(齋殿)이었다.

또 선왕 · 선후의 어진을 모신 진전(眞殿) 곧 선원전이 궁성 동북부에 자리잡았고 초기에는 원묘(原廟, 태묘 이외에 궁성 안에 이중으로 지은 사당)인 문소전이 궁성 동북 담장 안에 있었으나 중건되지 않았다. 이들 전각은 외전이나 내전과 구별하여 별전이라 부른다.

진전

진전은 선왕, 선후의 영정인 어진을 봉안한 건물로 생일과 정초에 차례를 지내던 곳인데 신주를 모시고 제사를 드리던 종묘와 더불어 왕실의 위엄을 드러내기 위한 목적으로 지어진 상징적 장소이다. 종묘가 외조라면 선원전은 내조를 상징한다.[78]

조선왕조의 진전은 태조의 어진만을 모신 경우(경복궁 내 문소전과 외방 5처, 경주 집경전, 전주 경기전, 평양 영숭전, 개성 목청전, 영흥 준원전)와 열성의 어진을 모신 경우로 대별된다. 경복궁 안에 설치된 진전은 후자에 속하며 선원전이라 이름하였다. 선원전은 예종 1년(1469)에 환조 이하의 영정 33함을 봉안하면서 창건되었다. 이후 성종 2년(1471)에는 세종비 소헌왕후와 세조 · 예종의 어진을 모사하여 봉안하였고, 중종 34년(1539)에는 정종과 정종비 정안왕후의 영정을 봉안하는 등 왕실 조상의 영정을 극진히 모셨는데 임진왜란으로 경복궁이 불탈 때 모두 소실되고 말았다.

왜란 이후에는 창덕궁 내에 중건되었으며,[79] 다시 고종 때 경복궁을 중건하면서 경복궁 내 동북부의 문소전 옛터에도 선원전이 새롭게 건

선원전 고종 때 경복궁을 중건하면서 경복궁 내 동북부의 문소전 옛터에도 선원전이 새롭게 건립되었다. 『조선고적도보』.

립되었다.[80] 이때 중건된 선원전은 정면이 8칸이었으나 1900년에 1실(室)이 증설되어 정면 9칸, 측면 4칸인 평면 36칸 규모의 건물이 되었다. 그러나 조선왕실의 맥을 끊으려는 일제에 의해 1932년에 헐려 장충동에 있던 일본인들의 절 박문사로 옮겨졌다가 사라졌다.

혼전

혼전은 왕이나 왕비의 장사를 마치고 나서 종묘에 입향(入享)할 때까지 신위(神位)를 모시는 곳을 말한다. 왕이 죽으면 삼년상이 끝날 때까지만 혼전에 모시지만, 왕비가 죽으면 왕이 죽어 종묘에 입향한 뒤 왕을 따라 배향(配享)될 때까지 혼전에 모셨다. 혼전 진상(進上) 규정은 1417년 처음 마련되었다고 하며 진상은 전사시(典祀寺)에서 담당하였다.

중건 경복궁의 혼전은 문경전으로 궁성 서북부, 곧 경회루터 서북쪽에 세워졌는데 고종 27년(1890) 4월 17일 대왕대비가 승하하면서 태원전을 빈전, 문경전을 혼전으로 정하였다. 문경전 왼쪽에는 제사를 드리는 장소로 회안전이 마련되어 있었다.

빈전

태원전은 고종 9년(1872)에 어진을 옮겨 봉안하는 장소로 사용되다가, 대왕대비 사후와 고종비 명성황후 사후에 빈전으로 사용되었다.[81]

내명부와 내시부

궁궐은 국가 최고의 정청(政廳)인 동시에 국왕의 사가(私家)이므로 궁중의 운영에는 자연히 많은 인력이 필요하였다. 국왕을 보필하고 왕실 일가의 살림살이를 맡은 사람들은 남자는 내시, 여자는 내관(또는 여관)이라 불리며 공적 조직으로 제도화되었다.

조선시대의 내시부에 소속된 내시는 종2품 상선(尙膳)에서 종9품 상원(尙苑)에 이르기까지 일반 관직과 구별되는 관계를 가진 59명을 비롯하여 도합 240명이나 되었다. 이들은 궁에 상주하면서 대전(大殿), 대비전, 왕비전, 세자궁, 빈궁 등에 나누어 활동하였다. 안팎의 말을 서로 통하게 하며 궁궐 출입을 확인하고 수라 음식 요리와 청소 등 궁 안의 모든 잡무를 도맡아 하였다. 조선 전기에는 내시부를 외정(外庭)의 반열(班列)과 구별하기 위하여 내반원(內班院)이라고 하였다.[82]

내명부는 품계를 받은 궁안 여성들의 조직으로 품계가 없는 여성들인 잡역 궁인(雜役宮人)을 부리며 왕실을 보필하였는데 크게 내관(內官)과 궁관(宮官)으로 구별된다. 내관은 정1품 빈(嬪)에서 정4품 숙원

(淑媛)에 이르는 높은 관계를 받은 여관 곧 후궁(『경국대전』에 8명)을 가리키고, 궁관은 정5품 상궁 · 상의에서 종9품 주변궁(奏變宮)까지의 낮은 관계를 가진 여관(『경국대전』에는 27명)을 가리킨다.

후궁은 신분이 좋은 가문에서 정식으로 간택된 경우와 한미한 집안 출신으로 왕의 총애를 받는 경우가 있다. 실질적으로 여성이 맡아야 할 궁안의 잡무(왕실 일가의 모든 시중)를 담당한 것은 궁관으로 이들은 위로는 왕비와 내관을 받들고 아래로는 잡역에 종사하는 하층 궁녀를 지배하며 부렸다.

품계에 따라 궁관이 맡은 일을 정리하면 정5품 상궁(尙宮)은 왕비를 인도하며 궁안의 문서와 장부 출입을 담당하는 정6품 사기(司記)와 백성에게 널리 알리고 왕에게 아뢰는 중계 역할을 하는 종7품 전언(典言)을 통솔하였다. 정5품 상의(尙儀)는 일상 생활에서의 예의와 절차를 맡으며 정6품 사빈(司賓, 손님 접대, 신하가 왕을 뵐 때의 접대와 잔치, 왕이 상을 주는 일 등)과 정8품 전찬(典贊, 손님 접대, 신하가 왕을 뵐 때의 접대와 잔치, 정승을 도와서 인도)을 통솔하였다.

종5품 상복(尙服)은 의복과 무늬로 수놓은 채장(采章)의 수량을 공급하고 정6품 사의(司衣, 의복과 머리에 꽂는 장식품을 수식함)와 정8품 전식(典飾, 머리감고 화장하며 세수하고 머리빗는 일)을 통솔하였다. 종5품 상식(尙食)은 음식과 반찬을 종류대로 가지런히 준비하고 정6품 사선(司膳, 반찬 만들기)과 정8품 전약(典藥, 처방에 의한 약을 맡음)을 통솔하였다.

정6품 상침(尙寢)은 왕이 옷입고, 밥먹는 순서를 맡으며 정6품 사설〔司設, 장막(帳幕) · 왕골 자리 · 쇄소(灑掃) · 장설(張設) 등을 맡음〕과 종8품 전등(典燈, 등불과 촛불을 맡음)을 통솔하였다. 정6품 상공(尙功)은 여공(女功)의 과정을 맡으며 정6품 사제(司製, 의복을 만듦)와 종8품 전채(典綵, 비단과 모시 등 직물을 맡음)를 통솔하였다. 종6품

천자고 중심 편전인 사정전 둘레에 행각을 빙 둘러 국정을 논의하는 중정을 마련하였다. 남행각은 내탕고로 서쪽부터 각 칸마다 『천자문』의 순서로 이름표를 달았다.

상정(尙正)은 궁녀들의 품행과 직무에 대하여 단속하고 죄를 다스리는 구실을 하였다. 종8품 전정(典正)은 궁정의 일을 도왔다.

한편 동궁을 위한 내명부도 따로 조직되었는데 종2품 양제(良娣)로부터 종5품 소훈(昭訓)까지의 내관(『경국대전』에는 4명)과 종6품 수칙(守則)에서 종9품 장의(掌醫)까지의 궁관(『경국대전』에는 9명)으로 구성되었다. 동궁에 딸린 여관은 품계가 낮고 규모도 적었으나 하는 일은 왕에 딸린 내명부와 비슷하다. 이제 고종 때 중건된 경복궁의 내시부와 내명부의 거처와 활동 거점을 알아보기로 하자. 먼저 왕에게 딸린 내시들은 수정전 서쪽 일곽, 경회루 남쪽에 자리잡은 대전장방(大殿長房), 수라간(水剌間) 등에서 살면서 맡은 소임을 다하였다.

한편 동궁 동쪽에도 장방, 수라간, 소주방(燒廚房), 별감방(別監房), 원역 처소(員役處所), 창차비(唱差備) 등이 배치되어 동궁에 딸린 내시들의 거처와 작업장을 보여 준다. 또 왕비 침전의 뒷동산(아미산) 서쪽, 경회루 북쪽에 자리잡은 침채고(沈菜庫), 원역 처소, 장방 등은 위치로 보아 왕비전과 대비전에 딸린 내시들의 거처인 듯하다.

이들 내시들의 활동 장소로부터 가까운 곳에 내명부의 활동 장소가 자리잡고 있었으니 소주방, 세답방(洗踏房), 침방(針房, 춘소당), 수방(繡房, 취운당) 등이 그것이다. 그 밖에도 조석 식사 이외의 음료와 과자 만드는 일을 담당하며 예춘당과 복회당을 포함하는 생과방(生果房)이 있었다. 이들 장소에는 지밀나인〔지밀(至密)은 침전을 가리킴〕, 침방나인, 수방나인, 처소나인 등으로 구분되는 궁중나인들이 거처한다. 처소나인은 소주방, 생과방, 세답방, 세수간, 복이처, 퇴선간 등에서 일하는 나인을 말한다. 이들은 모두 궁중의 살림살이를 맡는다.

이 가운데 소주방은 왕과 왕비의 침전 곁에 가까이 배치되었는데 내소주방(內燒廚房)은 아침저녁으로 수라를 장만하던 곳이고, 외소주방(外燒廚房)은 궁중의 크고 작은 잔치 때 다과와 전다(煎茶) 곧 떡을 만들던 곳이다. 이곳에서는 소주방나인과 생과방나인이 음식을 담당하였다. 주방을 책임지는 주방상궁이 되려면 13살에 궁중에 들어와 스승을 정하여 20년 동안 전수받고 33세가 되어야 주방상궁 첩지를 받을 수 있었다.

주방상궁은 평생 소주방에서 음식 만드는 일을 한다. 그러나 수라상 차림만은 수라간 혹은 퇴선간나인 세 사람이 맡는데 이들을 수라상궁이라 한다. 궁중에는 주방상궁 말고도 음식을 담당하는 남자 곧 내시 전문 요리사가 있어서 궁중의 진연(進宴) 음식을 따로 맡아서 하게 된다. 이들은 대령숙수(待令熟手)라고 불렀는데 세습에 의해서 기술을 전수하였다고 한다.[83] 그렇다면 궁궐 안에서 일하던 내시와 궁녀의 수는 모두 얼마나 되었을까? 영조 때에는 내시가 335명, 궁녀가 684명이었다고 하며 고종 31년(1894)에는 왕의 직계가족을 위한 궁녀만도 480명이나 되었다고 한다.[84)]

원 유

궁궐의 원유(苑囿)는 침전 뒷부분의 후원에 마련되며 보통 상원(上苑) 또는 내원(內苑)이라 불린다. 그러나 국가적인 공식 행사장으로서

향원정 2층 내부 고종 때 중건된 경복궁에는 경회루를 원래대로 복원하고 후원이었던 서현정 일대를 크게 확장하여 향원정과 향원지를 새롭게 조성하였다. (위, 뒷면)

후원의 융문당과 융무당 궁성 북문 밖 백악산 남쪽 중턱 아래 문과 시험을 보던 융문당(맨 위)과 무예를 시험하던 융무당(위)이 조성되었다.

누대(樓臺)와 연못을 갖추어야만 하는 경우에는 정전 부근에 위치한다. 경복궁의 후원에는 태조 때 연못과 정자(淸凉亭)로 구성된 소규모의 후원만이 구비되었으나 태종 때는 경회루가 정전 서쪽에 지어졌다. 청량정과 그 연못이 침전 뒤편의 사사로운 휴식처라면 경회루와 그 연못은 국가와 왕실의 중요 행사를 치르는 공식적 장소였다.

조선 전기에는 침전 후원 지역에 청심정(淸心亭), 문신 시험을 치르고 활쏘기를 하는 서현정(序賢亭), 농사 시범을 보이는 취로정(翠露亭), 접송정(接松亭), 진법 연습과 문신 시험을 치르는 충순당(忠順堂), 관저전(關雎殿) 등이 세워져 후원 지역의 시설이 다양하게 확대 발전되었다. 이때의 건물 배치 상황은 여러 그림 자료에 나타나 있다.

고종 때 중건된 경복궁에는 경회루를 원래대로 복원하고 왕비 침전인 교태전 뒤에 아미산을 새로 조성하였으며 옛 후원이었던 서현정 일대를 크게 확장하여 향원정과 향원지를 새롭게 조성하였다. 또 궁성 북동부에는 녹산(鹿山)이라는 원림의 동산을 조성하여 아름다운 풍광을 이루었다.

더구나 궁성 북문 밖 백악산 남쪽 중턱 아래 광활한 터에는 서쪽으로 시범 농장(농사와 누에치기)인 경농재가 조성되고, 동쪽으로 활쏘기로 마음을 닦고 진법(陣法)을 연습하고 무예를 시험하던 융무당이 조성되었으며, 중앙부 북쪽 산기슭 깊숙이 '천하제일복지(天下第一福地)'라고 쓴 바위를 중심으로 샘물과 정자, 누각을 갖춘 별원(別苑)이 조성되었다.

경복궁의 후원 가운데 지금까지 원형을 어느 정도 유지하고 있는 곳은 경회루와 연못, 건청궁 부속의 향원정과 향원지, 교태전 후원의 아미산, 궁성 북동부의 녹산 등이며 궁성 밖 백악산 기슭의 후원에는 대통령 관저인 청와대가 들어서 원형이 많이 손상되었을 뿐 아니라 일반인의 접근도 불가능하다.[85]

과학 시설

궁궐이 왕조 사회의 정치, 문화 중심지였다는 사실은 쉽게 인정하면서도 궁궐 안에 있었던 과학 시설에 대한 관심은 그리 일반화되지 않은 듯하다. 유물이나 그림 자료가 거의 남아 있지 않기 때문이겠으나 사실 조선조 문화의 창의성이나 국제적 수준을 보여 주는 과학 문화재는 거의 궁궐에 있었고 남아 있는 것 또한 궁궐에 보존되어 있다. 물론 천문 기상 관측기기 대부분이 조선 후기에 새롭게 만들어져 창덕궁이나 창경궁에 설치되었으므로 경복궁에서는 보루각 남쪽의 일영대(日影臺)를 제외하고는 문화재로 거론할 만한 것이 없긴 하나, 중건하면서 조선 전기 과학 문화의 중심이었던 경복궁의 모습을 복원하고자 하였기 때문에 흠경각, 보루각 등이 제자리에 재건되었다.[86] 또 조선 초기 학문 연구의 중심이었던 집현전을 세조가 폐지한 이래 처음으로 수정전이라 이름을 고쳐 제자리에 복원하였다.

이 밖에 과학기기와 밀

팔우정 집옥재와 2층 복도로 연결된 건물로 서고로 쓰였다.

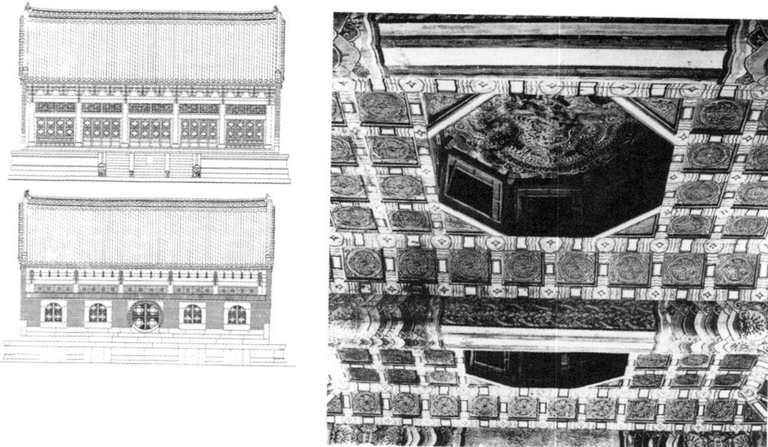

집옥재 궁성 북문 안쪽의 집옥재 일곽은 서재와 서고를 갖춘 국왕의 학문처로서 잘 보존되어 있다. 맨 위는 집옥재 전경, 아래 왼쪽은 집옥재 정면과 배면도이고, 오른쪽은 천장과 들보의 모습이다.

접한 관련이 있던 홍문관, 궁중에서의 의약 제조를 담당한 관청으로 조선 의약학의 중심 가운데 하나인 내의원, 산업기술과 관련된 상의원이나 사옹원 등도 복원되었고 궁성 북문 안쪽의 집옥재 일곽은 서재와 서고를 갖춘 국왕의 학문처로서 현재까지 잘 보존되어 있다.

궁성, 궁성문, 각루

궁성은 외적에 대한 방어를 목적으로 한 것이 아니기에 비교적 낮게 쌓았다. 다만 궁궐에 위엄을 더하고 궁전을 호위할 목적으로 축조되었다. 궁성의 둘레에는 사방에 각각 성문을 마련하여 출입구를 개설하였는데, 남문이 정면 중앙부에 마련된 반면 동문과 서문은 외조의 관청과 치조로의 출입을 고려하여 궁장(宮墻)의 남쪽에서 북쪽으로 약 3분의 1 되는 지점에 설치되었다. 또 북문은 북쪽 궁장의 중심에서 서쪽으로 치우쳐 설치되었다. 네 문 가운데 중건 당시의 모습을 온전하게 보존한 유적은 건춘문과 신무문뿐으로, 광화문은 일제 침략기에 조선총독부 청사를 짓는다는 구실로 동쪽에 옮겨

광화문 앞 해태상

흥례문 복원 공사 현장 조선총독부 청사를 헐자 근정문과 근정전이 북악산을 배경으로 장엄하게 서 있는 모습이 드러났다.

1900년대 건춘문 일대 삼청동 쪽에서 바라본 동쪽 궁성문인 건춘문 일대의 모습이다. 지금은 복개된 개울 건너편에 현대식 건물들이 즐비하다.

건춘문과 경천사지 10층석탑 궁성은 외적에 대한 방어를 목적으로 한 것이 아니기에 비교적 낮게 쌓았다. 다만 궁궐에 위엄을 더하고 궁전을 호위할 목적으로 축조되었다. 경천사지 석탑은 해체, 수리된 채 새로 지을 국립중앙박물관에 모셔질 날만 기다리고 있다.

졌다가 한국전쟁 때 문루 부분이 소실되었다. 1968년에 제자리로 옮겨 세우면서 문루 부분을 철근 콘크리트로 재건하였고 현판도 당시 대통령이었던 박정희의 글씨로 바뀌었다. 서문인 영추문은 1926년에 전찻길을 궁성에 너무 가까이 설치하는 바람에 무너져 서쪽 궁장은 안쪽으로 크게 물려 쌓았다. 1975년에 보수하면서 당시의 유행을 따라 문루를 철근 콘크리트로 재건하였다.

네 문 이외에도 무지개 형태의 암문(暗門, 성벽에 누각을 세우지 않

정면 축대의 용머리 모양 토수(위)

광화문 출입구 천장의 주작도(왼쪽 위)

광화문 문루 계단 엄지기둥(왼쪽 아래)

동십자각 남쪽 궁장의 두 모퉁이에는 대를 쌓고 각루를 세워 궁성을 지키는 망루로 삼았는데 남은 동십자각은 궁장에서 격리된 채 도로 한복판에 세워져 있다.

고 안으로 들어와 숨겨진 문)을 북쪽 궁장에 두 군데 설치하여 후원으로 통하도록 하였는데 계무문은 융무당으로, 광무문은 경농재로 통하도록 하였다. 또 물길이 궁장과 맞닿은 곳에는 어김없이 수문(水門)을 만들었는데 북쪽과 남쪽 궁장에 각각 두 곳, 동쪽 궁장에 한 곳의 수문을 설치하여 물길이 궁밖으로 연결되도록 배수 처리하였다. 이 밖에 남쪽 궁장의 두 모퉁이에는 대를 쌓고 각루(角樓)를 세워 궁성을 지키는 망루로 삼았다. 그 가운데 서십자각은 일제 때 헐린 뒤 복구되지 않았으며 동십자각은 궁장에서 격리된 채 도로 한복판에 세워져 있다. 두 각루의 복원은 동서 궁장 전체의 원형 찾기와 맞물려서 진행되어야 할 문제이다.

맺음말

이제까지 경복궁을 중심으로 조선왕조 궁궐 건축의 일면을 살펴보았다. 여기서는 그 성격을 종합적으로 파악하기 위한 기초적인 작업으로 전각 구성과 배치 계획에 초점을 맞추어 살펴보았다. 그 결과 조선왕조의 개창에 발맞추어 도성 건설의 일환으로 창건된 경복궁은 태조 대에는 390여 칸에 불과한 소규모의 궁궐에 불과하였으나, 세종 대에 이르러 법궁 체재를 완성함과 아울러 첨단 과학 시설까지 갖춘 대규모의 궁궐로 발전하였음을 상세하게 밝혔다. 이후 세부적인 발전을 거듭하다가 임진왜란으로 소실되어 270여 년이 지나도록 중건되지 못하였기 때문에, 조선 후기의 궁정 문화와 왕조 사회의 변화는 담아내지 못하였다는 점도 지적하였다.

하지만 조선 후기에 이룩된 궁정 문화의 유산과 왕조 사회의 변화상은 동궐로 통합된 창덕궁, 창경궁이나 서궐 경희궁의 궁궐 건축에 반영되었다가 최종적으로는 고종 대의 경복궁 중건 계획에 계승되었다. 그러므로 중건 경복궁은 세종 대에 완성된 법궁 체재를 중심으로 삼고 조선 후기에 생겨나서 창덕궁에 배치되었던 궐내 각사를 포함하는 한편 대왕대비, 왕대비, 대비 삼전이 거처할 내전을 확보하고 또 혼전과 빈전, 재전 등 제사용 시설을 증설하는 방향으로 이루어졌다고 해석할 수 있다.

전각 구성과 배치 형식을 분석함으로써 밝힌 중건 경복궁 건축의 특징은 개개 건물에 대한 양식 분석에서도 충분히 입증될 것이다. 특히 건물의 설계는 1830년대에 재건된 건물이 주축을 이루는 창덕궁, 창경궁, 경희궁의 건물을 토대로 하여 이루어졌기 때문에 19세기 중후반의 특징을 지니게 되었다. 물론 경복궁 중건에서 맹활약한 건축가들이 1830년대의 궁궐 공사에 참여하여 기술을 연마한 사람들이라는 사실도 기억할 필요가 있다. 그들이 영건도감이라는 관영 체재의 한계 안에서 활동하였다는 점도 궁정 양식을 이해하는 데 참고할 사항이다.

조선왕조의 정궁이자 우리나라 궁궐 건축사의 종장을 장식한 경복궁은 지금 우리에게 그 무궁한 가치가 제대로 인식되어 있지 않다. 나라를 이민족에게 빼앗긴 조선왕조의 본거지라는 뼈아픈 과거를 품에 안은 채, 궁중 유물과 건물의 거의 전부를 빼앗기고 잃어버린 채 85년이란 긴 세월을 참아 오다가 이제서야 조금씩 상처를 치유받게 되었다. 침전 일곽과 동궁 일곽이 복원된 뒤 경복궁을 찾는 많은 사람들이 경복궁의 가치에 새롭게 눈떠가고 있으며, 자연스럽게 조선왕조와 궁정 문화에도 관심을 가지게 되었다.

이제 우리 모두는 일제 침략기에 파괴되고, 왜곡되고, 변형되고 심지어 소멸될 뻔한 경복궁을 복원하려는 최근의 노력이 문화사적으로도 의미 있는 작업이 되도록 힘과 지혜를 모아야 할 것이다.

주(註)

1) 『태조실록』 3년 12월과 4년 8월의 기사. 이때 편성된 영건도감은 태조 4년 궁궐 조성을 일단락 짓고서도 마무리 공사를 계속하다가 7년 윤5월 1일에야 해체되었으며 이후의 건축 관련 사업은 공조에 소속된 선공감에서 담당하였다.

2) 이존희, 「한양 천도 과정」, 『조선시대의 한양』, 제5회 서울향토사학술대회 발표 요지, 1993. 11. 3, pp. 1－12. 임덕순, 「서울의 수도 기원(首都起源)과 발전과정」, 서울대 박사학위논문, 1985 (『600년 수도 서울』, 지식산업사, 1994.에 재수록). 최창조, 『한국의 풍수사상』, 민음사, 1984, pp. 214－247.

3) 김용국, 『서울 600년사(六百年史)』 제1권, 제2장. 조선 전기의 수도 건설, 제1절 궁궐, p. 195.

4) 杉山信三, 『韓國の中世建築』(日本 東京, 相模書房, 1984.)에서는 두 가지 안을 제시하고 있다.

5) 끊어읽기에 따라 미묘한 차이가 생기므로 여기서는 필자가 끊어 읽은 원문을 실었다.

新宮燕寢七間東西耳房各二間北穿廊七間北行廊二十五間東隅有連排三間西隅有連排樓五間南穿廊五間 / 東小寢三間穿廊七間接于燕寢之南穿廊又穿廊五間接于燕寢之東行廊 西小寢三間穿廊七間接于燕寢之南穿廊又穿廊五間接于燕寢之西行廊 / 報平廳五間視事之所右燕寢之南東西耳房各一間南穿廊七間東穿廊十五間始自南穿廊第五間接于東行廊西穿廊十五間亦起南穿廊第五間接于西行廊自燕寢北行廊東隅止于正殿北行廊之東隅二十三間爲東行廊自西樓止正殿北行廊之西隅二十間爲西行廊以上爲內殿 / 正殿五間受朝之所在報平廳之南有上下層越臺入深五十尺廣一百十二尺五寸東西北階廣各十五尺上層階高四尺石橋五級中階四面廣各十五尺下層階高四尺石橋五級北行廊二十九間穿廊

五間起自北行廊接于正殿之北水剌間四間東樓三間有上下層其北行廊十九間接于正殿之北行廊東隅與內東廊連其南九間接于殿門之東角樓西樓三間有上下層 / 其北行廊十九間接于正殿之北行廊西隅與內西廊連其南九間接于殿門之西角樓 / 殿庭廣東西各八十尺南一百七十八尺北四十三尺/殿門三間在殿之南左右行廊各十一間東西角樓各二間 / 午門三間在殿門之南東西行廊各十七間水閣三間/庭中有石橋御溝水所流處也 / 門之左右行廊各十七間東西角樓各二間 / 東門曰日華西門曰月華 / 其與廚房燈燭引者房尙衣院兩殿司饔房尙書司承旨房內侍茶房敬興府中樞院三軍府東西樓庫之類總三百九十餘間也 / 後築宮城東門曰建春西門曰迎秋南門曰光化門樓三間有上下層樓上懸鍾鼓以限晨夕警中嚴 / 門南左右分列議政府三軍府六曺司憲府等各司公廨

6) 『태조실록』 4년 10월 정유 조 및 『국역 삼봉집』 2, pp. 256-261.

7) 다만 연조에 초보적인 후원은 갖추었던 듯하다(『태조실록』 4년 9월 29일 조).

8) 『조선경국전』 하권, 「공전」 궁원 조.

9) 『세종실록』 8년 10월 병술 조.

10) 『태조실록』 7년 7월 경자 조. 한편 『정종실록』 1년(1399) 1월 경인 조에 의하면, 궁성과 외성을 모두 새로 쌓았다고 한다.

11) 『세종실록』 9년 3월 21일 조. 경복궁성에는 동쪽과 서쪽에 십자각이 있었는데 기울어져 위태하고 쓸모 또한 없다는 이유로 헐었다.

12) 자선당에서 세자가 서연과 시강을 받았고, 세종 25년(1443) 5월 12일 세자가 백관의 조회를 받는 계조당(繼照堂)이 동궁 영역에 추가되었다.

13) 『세종실록』 15년 7월 병자 조, 제왕의 궁성에는 반드시 4대문이 있어야 한다는 상소를 받아들여 북문을 짓기로 결정하였다. 한편 북문의 이름이 신무문(神武門)으로 정해진 것은 성종 6년(1475) 8월 23일이다.

14) 『세종실록』 24년 12월 임자 조.

15) 『세종실록』 20년 1월 초8일 조. 흠경각의 규모와 제도는 세종이 고안하고

시설은 장영실이 만들었다.

16) 『동국여지비고』 제1권, 「경도」 편 원유 조(『국역 신증동국여지승람』 1권, p. 201). 이때 건물의 좌향과 차례의 순서는 종묘의 예를 따랐다. 곧 전전(前殿) 3칸과 후침(後寢) 5칸으로 구성하고, 전전에는 태조의 위패를 위시한 다섯 위패를 소목법으로 배치하고 후침에는 위패를 서상(西上)으로 배치하였다(『세종실록』 14년 8월 임인 조, 11월 술오 조. 15년 5월 갑인 조 '문소전 이안 의주'). 임진왜란 때 소실된 뒤 다시는 복구되지 않았다.

17) 『세종실록』 20년 3월 29일 조. 선원전은 태조 때 영흥부 함주에 처음 세워졌으며, 한성 종부시 서쪽 등성이에 세원진 때는 세종 12년이고 이를 경복궁 안으로 옮겨 지은 때가 세종 20년이다.

18) 의정부와 예조에서 올린 새 문의 이름은 보루문(報樓門, 월화문 밖), 영의문(迎義門, 영추문 안), 동명문〔東明門, 동직방(東直房)의 문〕, 서명문(西明門, 서직방의 문) 등이다.

19) 『명종실록』 12년 5월 11일 조, 청연루는 삼전(대왕대비, 왕대비, 왕)이 합어(合御)하는 곳으로 지세가 좁기는 하였으나 눈비를 피하기 위하여 월랑(月廊)을 조성하였다.

20) 『세조실록』 9년 11월 8일 조, 편전인 사정전의 동쪽 모퉁이에 있는 내상고(內廂庫) 2칸을 임금이 거주하는 곳으로 삼고 비현합이라 명명하였는데, 이름은 『서경』에서 '매상비현(昧爽丕顯, 여명을 환하게 밝힘)'의 뜻을 취한 것이다. 중종 22년(1527) 7월 13일의 기사에 의하면, 이 건물은 왕이 평상시 신하들을 야대(夜對, 궐 안에서 숙직하는 관원이 예고 없이 왕에게 불려가 왕의 자문에 임하는 것)하던 곳인데 너무 좁아서 내부를 넓혔다. 이후 명종 8년의 화재로 소실되었다가 9년에 재건되면서 비현각으로 이름이 바뀌었고 위치도 사정전 동쪽 행각에서 독립하여 동궁 근처에 따로 세워졌다. 고종 때 중건되면서 세자의 거처인 자선당 오른쪽에

나란히 세워졌다.

21) 『중종실록』 23년 9월 20일 조, 이때 대비의 처소를 동궁으로 기록하고 있으나 동조(東朝)라고 해야 옳다.

22) 『국역 신증동국여지승람』 1권, p. 91. 후원 건물 가운데 충순당은 명종 때 문정왕후의 수렴청정 장소로 활용되었다.

23) 『국역 신증동국여지승람』 1권, pp. 104−156 및 헌종 때 간행된 『궁궐지』 「경복궁」.

24) 경복궁이 낙성된 뒤 도감의 제조들에 대한 포상이 있었는데, 이에 대한 사관의 격렬한 비판이 실록에 실려 있어서 주목된다.

25) 「경복궁중건기」는 『도산전서(陶山全書)』에 수록되어 있는데, 번역문이 『퇴계학보』 2집(퇴계학연구소, 1974년 2월)에 실려 있다. 또 두 상량문은 헌종 때 『궁궐지』의 해당 건물 항목에 수록되어 있다.

26) 『대동야승』

27) 왜승은 사자가 네 마리라고 하였으나 유득공은 「춘성유기」에서 천록이 세 마리라고 하였다. 현재는 네 마리가 다 남아 있다.

28) 궁궐 건축 공사에 관한 최초의 의궤인 듯한데 지금은 전해지지 않는다.

29) 이 등서(謄書)야말로 조선 전기 경복궁의 실상을 가장 종합적으로 파악할 수 있는 자료이겠으나 지금은 전해지지 않고 있다.

30) 선조 39년(1606)에는 '궁궐영건도감'을 설치하여 구체적인 공사 계획을 입안하였다. (『선조실록』 39년 11월 임신 조)

31) 『선조실록』 40년 2월 13일 조.

32) 창덕궁은 1609년(광해군 1) 6월에는 거의 완성되었다. 허균, 『국역 성소부부고』 3권, p. 47, 「을유서행기(己酉西行記)」.

33) 한성국, 「인경궁고(仁慶宮考)」 『향토 서울』 21호(1964. 7) 및 이강근, 「경희궁의 역사」 『정비·복원을 위한 경희궁지 제2차 발굴조사보고서』, 1987, pp. 1−50.

34) 세 궁궐이라고는 하나 창덕궁과 창경궁은 상호 보완적인 기능을 갖춘 하나의 궁궐로 인식되어 동궐이라 불렸으며 경복궁이 중건되기 전까지 250여 년 동안 정궁으로 사용되었다. 이와는 대조적으로 경희궁은 서궐이라 불리며 이궁의 역할을 하였다.

35) 『현종실록』 8년 5월 임진 조, 현종은 경복궁터에 효종비 인선왕후를 위하여 신궁을 만들고자 하였으나 신하들이 반대하여 뜻을 이루지 못하였다.

36) 『숙종실록』 6년 8월 을유 조, 숙종이 경복궁 사정전터에서 김수항(金壽恒, 1629~1689년)에게 선왕의 법궁이 황폐한 모습을 개탄하자, 김수항은 "이곳이 바로 사정전터이고 뒤가 강녕전으로 침전이었습니다. 동문은 일화문이고 서문은 월화문인데 세자궁은 이 영역 밖에 있었습니다. 빈터로 볼 때 다른 대궐에 비해 진실로 좁고 막힌 듯하며, 궐내 관청이 모두 동서로 배치되었으며, 지대(池臺)와 원유의 좋은 경치가 없습니다. 북문 밖은 곧 회맹단(會盟壇)으로 삼청동에서 멀지 않은데도 후원에 속하지 않았으니 조종의 검소함이라 생각합니다. 이는 황란한 연산군도 또한 감히 개척하지 못하였습니다"라고 하여 왕이 법궁에 미련을 갖지 않도록 유도하고 있다.

37) 영조는 중건 의사를 밝힌 적은 없으나 경복궁터에서 과거시험(1722년, 1750년)이나 즉위 40주년 성수(聖壽) 70년 기념식(1763년, 영조 39)을 거행하였다. 한편 1767년에는 궁성 동북쪽에 채상대(採桑臺)를 쌓고 채상례(採桑禮)를 거행하였으며, 이를 기념하기 위하여 '정해친잠비(丁亥親蠶碑)'를 세우고 비각을 건립하였다. 1772년에는 혼전인 문소전터에 비를 세우고 비각을 건립하였다.

38) 익종이 왕위에 오르지 못하고 죽자 그의 아들이 왕위(헌종)에 올랐으며, 익종비는 대왕대비로서 훗날 철종의 후사가 끊겨 왕위 계승자를 결정할 때 왕실의 최고 어른으로서 흥선군 이하응의 아들을 후사로 선정하였다. 경복궁 중건은 익종의 유지이며, 헌종도 그 뜻을 계승하였으나 실행하지

못하였다. 이에 익종의 대통을 이어받은 고종이 경복궁을 중건하여야 한다고 중건의 명분을 내건 것은 이러한 배경에서 이해할 수 있다. (『고종실록』 2년 4월 2일 조, 조대비의 경복궁 중건에 대한 최초의 교서 참조.)

39) 유본예 저, 권태익 역, 『한경지략(漢京識略)』 탐구당, 1981, pp. 22-28.

40) 현재의 근정전 아래쪽 축대 좌우 귀퉁이에 있는 조각과 그대로 일치한다.

41) 유본예 저, 권태익 역, 앞 책, pp. 25-26. "간의대 위에는 네모진 옥돌이 있고 간의대 서편에는 검은 돌 6개가 있는데 5.6×3자의 크기였다. 이 돌에 물이 흐르도록 홈을 팠다. 석대 밑에 있는 돌은 벼루 같기도 하고 모자 같기도 하고 허물어진 궤 같기도 하여 용도를 알 수 없다. 지대가 높고 휜해서 북쪽 마을의 꽃나무들을 한눈에 볼 수 있다"고 상세하게 묘사하였다.

42) 왕비가 후원에서 친히 누에치기를 한 예는 중종 8년(1513) 2월의 실록 기사에도 보인다. 영조 43년(1767)에 있었던 친잠례는 이러한 전례를 따른 것이다.

43) 성종 10년에 왕이 승정원에 명령하여 후원에 뽕나무를 심고 논을 만들라고 하였다는 기록으로 보아 내농은 조선 전기 왕들의 농사 시범 장소로 보인다.

44) 『궁궐지』 「근정전」 조, 영조 39년에 왕이 즉위 40년과 나이 70세를 기념하기 위하여 태묘에 배알하고 나서 경복궁 선원전에 배례를 올린 다음 영수각(靈壽閣)에 나아갔다가 근정전에 임하여 하례를 받았다고 한다.

45) 이강근, 「경복궁에 관한 건축사적 연구」, 한국정신문화연구원 한국학대학원 석사학위 논문, 1984, pp. 73-80.

46) 『영조실록』 영조 43년(정해) 3월 10일 조. 왕비가 경복궁 안에서 친히 누에를 쳐 채상례를 행하고 '정해친잠'이라 이름하였는데, 영조 46년 1월 9

일에 임금이 '정해친잠'이란 네 글자를 직접 써서 돌에 새기고 해당 관청에 명령하여 비음기(碑陰記)를 지어서 기록하게 하였다. 또 영조 48년 5월 23일에는 "호조에 명하여 터에 비석을 세우게 하고, 어필로 '문소전 옛터에 임진년 5월에 세우다'라고 써서 내렸다."

47) 이 그림은 서울대학교 안휘준 선생님께서 구해 주셨다. 이 자리를 빌어 감사를 드린다.

48) 안휘준, 『옛 궁궐 그림』, 대원사, 1997. 참조.

49) 여기서 내전은 대내의 침전 곧 연조 구역 안의 침전을 가리키며, 외전은 정전과 편전을 가리킨다. 단, 편전은 침전과 정전의 사이에 위치하여 중간적인 성격을 갖기 때문에 내전으로도, 외전으로도 분류된다.

50) 이 『궁궐지』의 간행 시기는 1900년에서 1910년 사이로 보고 있으나, 누가 왜 제작하였는지는 알 수 없다. 다만 「북궐도형(北闕圖型)」, 「동궐도형(東闕圖型)」 등의 도면과 함께 제작되어 규장각과 장서각 등 왕실 서고에 보관되어 온 것으로 미루어 보아 당시 왕실의 주도 아래 제작된 것으로 보인다.

51) 이 책은 1908년에 간행되었음에도 불구하고 중건 경복궁에 대하여 정확한 사실을 정리해내지 못하였다. 예를 들어 간의대가 중건되었으나 "지금은 없다"고 기록하였고 고종 때 창건된 흥복전, 만경전, 자경전, 태원전 등의 역할마저도 설명하지 않았다.

52) 시강원, 익위사, 호위청, 선전관청, 빈청, 대청, 내삼청, 무겸청, 충장위청, 향실, 동소, 서소, 남소, 북소, 별군직청, 배설방 등은 모두 경복궁 중건 당시에 창덕궁에 있었던 관청이다. 곧 조선 후기 270여 년 동안 정궁 노릇을 한 창덕궁의 시설 가운데 무직 관서(武職官署)와 동궁 관서 등이 경복궁 중건 계획에 포함되었던 것이다. 단, 궁궐을 동서남북 4구역으로 나누어 지키던 초소가 경희궁에는 모두 갖추어져 있던 반면, 하나의 궁궐로 인식되었던 동궐에는 창덕궁에 남소와 서소, 창경궁에 동소와 북

소가 각각 설치되어 있었으며, 경복궁에는 4소가 모두 설치되었다.

53) 대왕대비(익종비), 왕대비(헌종비), 대비(철종비) 삼전이 모두 살아 계셔서 많은 내전이 필요하였다.

54) 회안전(會安殿), 문경전(文慶殿), 태원전(泰元殿) 등 280여 칸의 건물이 세워졌다.

55) 집옥재가 있는 곳은 오랫동안 출입이 불가능한 군사 지역이었다가 경복궁 복원 계획의 일환으로 1997년에야 군부대가 철수하였다. 단, 일찍이 『집옥재수리공사보고서』(문화공보부 문화재관리국편, 1982)가 나와 있다.

56) 이강근, 「경복궁에 관한 건축사적 연구」, 1984, pp. 122-131. 경회루는 1867년 4월 20일에 상량되었는데, 「경회루전도」는 1866년 경칩일에 영건소에 진헌되었다고 한다. 영건도감에서 아무런 직책을 맡지 않은 정학순(丁學洵)이 경회루의 설계 원리를 주역과 명당에 대한 이해를 토대로 하여 찾아낸 것으로 볼 때 중건 계획의 초기에 고제의 원리를 찾는 노력이 광범위하게 펼쳐졌음을 알 수 있다.

57) 이강근, 「경희궁의 역사」 4. 창건 이후의 변화, 라. 일제 강점기의 파괴. 이 학교는 통감부중학으로 개교하여 경성부립중학교로 개칭되었다. 해방 이후에는 이곳을 서울중·고등학교 교지로 사용하였고 강남으로 옮긴 뒤에야 문화재로 지정되어 1985~1994년에 걸쳐 발굴 조사와 복원 공사가 병행되었다.

58) 柳宗悅 저, 송건호 역, 『한민족과 그 예술』「사라져 가는 한 조선 건축을 위하여」(1922년 9월 『개조』에 게재)에서는 일제에 의한 경복궁 파괴가 제국주의 정치의 죄악임을 낱낱이 고발하고 있다.

59) 특히 조선왕조 역대 왕의 어진(御眞, 초상화)을 모셨던 선원전은 이토오 히로부미(伊藤博文)의 명복을 빌기 위하여 남산에 세워진 박문사의 사당으로 팔렸다.

60) 1970년에 중앙청 제2별관으로 지어진 건물이 현재 문화재연구소로, 1972

년에 국립중앙박물관으로 지어진 건물은 현재 국립민속박물관으로 사용되고 있는데 경복궁의 형태적, 공간적 질서를 가장 크게 해치는 구조물이다.

61) 경복궁의 단기, 장기 복원 계획에 대해서는 『경복궁 복원정비기본계획보고서』(문화재관리국, 1994년)에 상세하게 소개되어 있다. 복원계획안은 중건 이후 두 차례의 화재를 겪고 나서 1888년에 재건된 경복궁의 모습을 되살리는 데 초점을 맞추고 있다.

62) 자선당은 세자가 서연과 시강을 받으며 훗날 성군이 될 자질을 키우던 장소로서, 세종 9년에 창건되었었다. 1865년에 시행된 중건 공사에서도 가장 이른 시기에 지어져 위용을 자랑하였는데, 1914~1916년에 뜯겨 일본인 오쿠라 키하치로(大倉喜八郎, 政商輩)의 집에 옮겨졌다. 그의 집은 후에 오쿠라호텔로 개조되었고, 그 한모퉁이에서 조선관이란 이름으로 미술관 노릇을 하였다. 자선당은 관동대지진 때 소실되었다고 한다(중앙일보 1993년 7월 21일자, 김정동 교수의 조사 내용 보도 기사). 오쿠라호텔 경내에 남아 있던 건물의 기단과 주초석, 신방석 등은 동궁 복원에 쓰기 위하여 일본으로부터 반환을 받았다.

63) 발굴 조사는 국립문화재연구소에서 담당하였는데 이때 발굴된 유구를 기초로 복원 계획이 수립되었다. 그러나 발굴 조사와 복원 기초 공사가 일년의 시차를 두고 행해졌기 때문에 2년차(1991년)부터 시작한 소위 선대유구 조사는 중요 건물터에 대해서만 실시되었다. (『경복궁 침전지역 발굴조사 보고서』, 1995년, 문화재관리국 문화재연구소, pp. 321-335)

64) 정조가 세자 시절에 지은 「정묘어제경희궁지(正廟御製慶熙宮誌)」는 경희궁의 모든 시설을 삼조로 나누어 그 역할을 설명한 글이다. 경희궁의 동궁에 대해서 연조에 속한 집희당(緝熙堂, 영조 세자 시절의 내당)과 중서헌(重書軒, 관료들을 접하는 작은 방), 치조에 속한 경현당(景賢堂, 동궁이 예를 받는 정당)과 문헌각(장서 수장), 외조에 속한 세자시강원과 세자익위사 등을 언급하고 있다.

65) 『세종실록』 16년 4월 을묘일 이후로 상위(上位)를 전하(殿下), 중궁을 왕비, 동궁을 세자로 일컫게 되었으며 세종 12년 윤12월에 세자궁에 딸린 여관 제도도 확립되었다. 여기서 세자궁이 새롭게 재건되면서 관련 제도가 정비된 사정도 알 수 있다.

66) 세종 23년 7월에 자선당에서 단종이 탄생한 사실로 보아 자선당은 세자인 문종 내외의 거처였음을 알 수 있다.

67) 세종 3년에 8세의 나이로 세자에 책봉된 문종(재위 기간 1450~1452년)은 세종 9년에 창건된 자선당에서 제왕 교육을 받았으며, 29세 되던 해인 세종 24년(1442)부터는 부왕인 세종의 뜻에 따라 계조당에서 남향한 채 모든 신하들로부터 조회를 받는 등 섭정(攝政)에 임하였다. 그리하여 8년 동안의 섭정을 마치고 세종 사후에 왕위에 올랐다.

68) 창경궁에 세 대비를 모셔 놓고 문안드리기 좋도록 가까운 창덕궁으로 왕의 거처를 옮겼다. 이때를 틈타 경복궁을 개수함으로써 두 궁궐을 옮겨다니며 통치할 수 있도록 하기 위하여 창덕궁에도 동궁을 창건한 것은 아닐까 생각된다.

69) 경복궁 중건 이전에는 창경궁에 천지장남궁(天地長男宮) 일곽이, 창덕궁에 중희당과 성정각 일곽이 연이어 배치되어 있었다. 그런데 1833년에 천지장남궁을 헐어서 창경궁 영춘헌을 중건하였으며, 1891년에는 중희당마저 경운궁으로 이건하였으므로 1891년 이후에는 경복궁에만 동궁이 남게 되었다. 당시 세자였던 순종은 1874년에 탄생하여 1875년에 세자로 책봉되었고, 1882년에는 세자빈을 맞아들여 경복궁 동궁에서 거처하였다.

70) 왕의 침전과 왕비의 침전을 따로 만든 다른 예는 경희궁의 회상전(會祥殿), 융복전(隆福殿)에서 볼 수 있는데, 창덕궁에서는 대조전(大造殿)이라는 한 건물에 왕과 왕비의 침실을 함께 마련해 놓고 있어서 차이를 보인다.

71) 창경궁 안에 있었던 자전도 '자경전'이었는데 정조가 어머니 혜빈 홍씨를

위하여 아버지 사도세자의 사당(경모궁, 현재 서울대학교 의과대학 자리)을 내려다볼 수 있는 위치에 창건하였고, 경복궁을 중건할 때 이 이름을 따서 경복궁의 자전 이름으로 삼았다. 창경궁의 자경전은 1830년 전후에 제작된 「동궐도」에서도 확인되고, 1827년의 「자경전진작정례의궤(慈慶殿進爵整禮儀軌)」에서도 확인되는데 일제가 이곳에 왜식의 장서각 건물을 지으면서 헐어 버린 것으로 보인다.

72) 자미당은 세종이 납시던 곳이며 예종이 승하한 곳이고, 청연루 아래 소침전은 인종이 승하한 곳이다. 이런 점으로 보아 후궁 지역에 있는 건물에서도 왕이 전유하는 건물이 있었던 것 같다. 고종 때 중건된 경복궁에서 궁성 북부 끝자락에 지어진 건청궁의 장안당도 침전 이외에 왕이 전유하던 건물이었다.

73) 인지(麟趾)는 『시경』의 편명인 '인지지화(麟趾之化)'에서 따온 이름으로 주 문왕의 후비가 왕자를 많이 출산한 고사를 칭송한 시로 황후나 황태후의 덕을 기리는 말이다.

74) 『궁궐지』(1900~1910년 간행)에 의하면 후원을 제외한 중건 경복궁의 규모는 7,225칸 반이었는데 1,432칸 반이 '금무질(今無秩)'로 분류되어 위 자료를 작성한 때에는 5,792칸 반만이 남아 있었던 것으로 보인다. 없어진 건물 가운데 만화당, 문경전, 회안전 등은 경운궁으로 옮겼다는 사실이 확인되었으나 나머지 건물은 알 수 없다.

75) 『한경지략』에서는 '궐내 각사'라는 항목 아래 창덕궁, 창경궁, 경희궁으로 나누어 18세기 전반 궁궐 안에 있었던 관청을 상세하게 설명하고 있다. 또 『동국여지비고』에서는 경복궁 중건 직전 3궁에 있었던 궁궐 안의 관청을 문직 공서, 무직 공서, 잡직 공서로 나누어 설명하고 있다.

76) 조선 전기에 설치되었던 관청 가운데 도총부, 전설사, 승문원, 교서관, 전연사, 관상감, 상서원, 사도시 등은 중건된 경복궁에서는 보이지 않으며 내사복시, 예문관, 춘추관 등은 그 자리가 바뀌었다.

77) 국상이 발생하면 이를 치러내기 위하여 빈전도감, 혼전도감, 산릉도감 등 임시 기구가 구성되는데 혼전도감의 총책임자는 총호사(摠護使)라 하여 영의정이 맡는 게 원칙이었다.

78) 『한경지략』, p. 31.

79) 왜란 이후에는 어진을 옮겨 그리거나 보수하며 어진을 설치할 장소도 새로이 마련해야 하였다. 그리하여 궁궐 밖에는 남별전(南別殿, 영희전)을, 창덕궁 안에는 선원전을 두어 어진을 모셨다. 선원전은 경희궁에서 옮겨온 경화당 건물을 춘휘전으로 부르며 사용하다가 숙종 21년(1695)에 어진을 모시면서 선원전으로 부르게 되었다. 이 건물은 현재 창덕궁 인정전의 서북쪽에 자리잡고 있는데, 내부에 있던 어진은 한국전쟁 때 부산으로 피난갔다가 소실되었고 그 결과 구선원전이라 불리며 유물 보관 창고로 쓰이고 있다.

80) 「선원전상량문」『경복궁창덕궁내상량문』(국립중앙도서관 소장). 1897년에는 고종이 경운궁으로 옮김과 아울러 경복궁 선원전에 봉안되어 있던 역대 선왕의 진영을 경운궁 별당에 옮겨 놓은 터라 경운궁에도 선원전이 새롭게 건립되었다. 그러나 이 진전은 1900년 10월 14일 어진과 함께 소실되었으므로, 10월 17일에 서둘러 진전중건도감 및 영정모사도감(影幀模寫都監)을 설치하여 1901년 7월 9일에 어진과 진전을 완성하였다.

81) 경희궁의 어진 봉안처는 정전인 숭정전(崇政殿)의 서행각 밖 북쪽에 있는 태녕전(泰寧殿)이었는데, 경복궁 태원전의 위치는 이를 참조하여 정해진 것으로 보인다.

82) 김종직(金宗直)의 「내반원기(內班院記)」(『궁궐지』)는 미천한 자격과 직분을 가진 내시들은 마음가짐과 몸가짐을 바로하지 않으면 안 된다는 사실을 깨우치기 위하여 중국 역대 왕조의 고사를 들어가며 교훈을 제시한 글이다.

83) 한복려, 『궁중음식과 서울음식』, 대원사, 1995, p. 16.

84) 김용숙(金用淑), 『조선조 궁중 풍속 연구』, 일지사, 1987, pp. 25－26.

85) 경복궁의 후원에 대한 상세한 해설은 정재훈, 『한국 전통의 원』(도서출판 조경사, 1996), pp. 64－78 참조.

86) 창덕궁 및 창경궁의 과학문화재에 대해서는 『동궐도』(문화재관리국, 1991), pp. 173－178 참조.

빛깔있는 책들 102-19

경복궁

글 —이강근
사진 —이강근

발행인 —장세우
발행처 —주식회사 대원사

편집 —박수진, 김분하, 연인숙, 권효정
미술 —김명준, 김지연
총무 —이훈, 이규헌, 정광진
영업 —김기태, 이승욱, 문제훈, 강미영, 이재수
이사 —이명훈

첫판 1쇄 —1998년 8월 20일 발행
첫판 5쇄 —2003년 7월 30일 발행

주식회사 대원사
우편번호/140-901
서울 용산구 후암동 358-17
전화번호/(02) 757-6717~9
팩시밀리/(02) 775-8043
등록번호/제 3-191호
http://www.daewonsa.co.kr

잘못된 책은 책방에서 바꿔 드립니다.

값 13,000원

Daewonsa Publishing Co., Ltd.
Printed in Korea(1998)

ISBN 89-369-0219-9 00540

빛깔있는 책들

민속(분류번호 : 101)

1 짚문화 2 유기 3 소반 4 민속놀이(개정판) 5 전통 매듭
6 전통 자수 7 복식 8 팔도 굿 9 제주 성읍 마을 10 조상 제례
11 한국의 배 12 한국의 춤 13 전통 부채 14 우리 옛 악기 15 솟대
16 전통 상례 17 농기구 18 옛 다리 19 장승과 벅수 106 옹기
111 풀문화 112 한국의 무속 120 탈춤 121 동신당 129 안동 하회 마을
140 풍수지리 149 탈 158 서낭당 159 전통 목가구 165 전통 문양
169 옛 안경과 안경집 187 종이 공예 문화 195 한국의 부엌 201 전통 옷감 209 한국의 화폐
210 한국의 풍어제

고미술(분류번호 : 102)

20 한옥의 조형 21 꽃담 22 문방사우 23 고인쇄 24 수원 화성
25 한국의 정자 26 벼루 27 조선 기와 28 안압지 29 한국의 옛 조경
30 전각 31 분청사기 32 창덕궁 33 장석과 자물쇠 34 종묘와 사직
35 비원 36 옛책 37 고분 38 서양 고지도와 한국 39 단청
102 창경궁 103 한국의 누 104 조선 백자 107 한국의 궁궐 108 덕수궁
109 한국의 성곽 113 한국의 서원 116 토우 122 옛기와 125 고분 유물
136 석등 147 민화 152 북한산성 164 풍속화(하나) 167 궁중 유물(하나)
168 궁중 유물(둘) 176 전통 과학 건축 177 풍속화(둘) 198 옛 궁궐 그림 200 고려 청자
216 산신도 219 경복궁 222 서원 건축 225 한국의 암각화 226 우리 옛 도자기
227 옛 전돌 229 우리 옛 질그릇 232 소쇄원 235 한국의 향교 239 청동기 문화
243 한국의 황제 245 한국의 읍성 248 전통장신구

불교 문화(분류번호 : 103)

40 불상 41 사원 건축 42 범종 43 석불 44 옛절터
45 경주 남산(하나) 46 경주 남산(둘) 47 석탑 48 사리구 49 요사채
50 불화 51 괘불 52 신장상 53 보살상 54 사경
55 불교 목공예 56 부도 57 불화 그리기 58 고승 진영 59 미륵불
101 마애불 110 통도사 117 영산재 119 지옥도 123 산사의 하루
124 반가사유상 127 불국사 132 금동불 135 만다라 145 해인사
150 송광사 154 범어사 155 대흥사 156 법주사 157 운주사
171 부석사 178 철불 180 불교 의식구 220 전탑 221 마곡사
230 갑사와 동학사 236 선암사 237 금산사 240 수덕사 241 화엄사
244 다비와 사리 249 선운사

음식 일반(분류번호 : 201)

60 전통 음식 61 팔도 음식 62 떡과 과자 63 겨울 음식 64 봄가을 음식
65 여름 음식 66 명절 음식 166 궁중음식과 서울음식 207 통과 의례 음식
214 제주도 음식 215 김치

건강 식품(분류번호 : 202)

105 민간 요법
181 전통 건강 음료

즐거운 생활(분류번호 : 203)

67 다도
68 서예
69 도예
70 동양란 가꾸기
71 분재
72 수석
73 칵테일
74 인테리어 디자인
75 낚시
76 봄가을 한복
77 겨울 한복
78 여름 한복
79 집 꾸미기
80 방과 부엌 꾸미기
81 거실 꾸미기
82 색지 공예
83 신비의 우주
84 실내 원예
85 오디오
114 관상학
115 수상학
134 애견 기르기
138 한국 춘란 가꾸기
139 사진 입문
172 현대 무용 감상법
179 오페라 감상법
192 연극 감상법
193 발레 감상법
205 쪽물들이기
211 뮤지컬 감상법
213 풍경 사진 입문
223 서양 고전음악 감상법
251 와인

건강 생활(분류번호 : 204)

86 요가
87 볼링
88 골프
89 생활 체조
90 5분 체조
91 기공
92 태극권
133 단전 호흡
162 택견
199 태권도
247 씨름

한국의 자연(분류번호 : 301)

93 집에서 기르는 야생화
94 약이 되는 야생초
95 약용 식물
96 한국의 동굴
97 한국의 텃새
98 한국의 철새
99 한강
100 한국의 곤충
118 고산 식물
126 한국의 호수
128 민물고기
137 야생 동물
141 북한산
142 지리산
143 한라산
144 설악산
151 한국의 토종개
153 강화도
173 속리산
174 울릉도
175 소나무
182 독도
183 오대산
184 한국의 자생란
186 계룡산
188 쉽게 구할 수 있는 염료 식물
189 한국의 외래 · 귀화 식물
190 백두산
197 화석
202 월출산
203 해양 생물
206 한국의 버섯
208 한국의 약수
212 주왕산
217 홍도와 흑산도
218 한국의 갯벌
224 한국의 나비
233 동강
234 대나무
238 한국의 샘물
246 백두고원

미술 일반(분류번호 : 401)

130 한국화 감상법
131 서양화 감상법
146 문자도
148 추상화 감상법
160 중국화 감상법
161 행위 예술 감상법
163 민화 그리기
170 설치 미술 감상법
185 판화 감상법
191 근대 수묵 채색화 감상법
194 옛 그림 감상법
196 근대 유화 감상법
204 무대 미술 감상법
228 서예 감상법
231 일본화 감상법
242 사군자 감상법

역사(분류번호 : 501)

252 신문